通信工程专业系列教材

现代短波通信

主　编　任国春

副主编　徐以涛　程云鹏

参　编　张玉明　陈　瑾　龚玉萍　童晓兵　江　汉
　　　　宋　绯　郑学强　杨　旸　罗屹洁　徐煜华
　　　　丁国如　崔　丽　徐作庭　王　斌

机械工业出版社

本书以短波通信技术发展过程为主线，对短波通信系统的组成、数据传输和通信等关键技术，以及短波通信技术的应用和最新进展进行了全面系统的分析和阐述。本书从分析短波信道特点和信道建模开始，介绍了短波通信系统的组成和基本功能，研究了短波通信经典的传输技术和短波自适应通信技术，分析了短波抗干扰数据传输技术，最后讨论了短波天线和组网技术等。

本书内容完整、层次清晰、紧贴实际、可读性强，既可以作为高等院校通信专业及电子工程专业本科生和研究生的教材，也可以作为从事相关领域研究的科研人员和工程技术人员的参考用书。

图书在版编目（CIP）数据

现代短波通信/任国春主编. —北京：机械工业出版社，2020.7
（2025.1 重印）

通信工程专业系列教材

ISBN 978-7-111-66020-0

Ⅰ.①现… Ⅱ.①任… Ⅲ.①短波通信 – 高等学校 – 教材 Ⅳ.①TN91

中国版本图书馆 CIP 数据核字（2020）第 119064 号

机械工业出版社（北京市百万庄大街22号　邮政编码100037）
策划编辑：李　帅　责任编辑：李　帅　王玉鑫
责任校对：刘雅娜　封面设计：张　静
责任印制：单爱军
北京虎彩文化传播有限公司印刷
2025 年 1 月第 1 版第 7 次印刷
184mm×260mm · 10 印张 · 245 千字
标准书号：ISBN 978-7-111-66020-0
定价：29.00 元

电话服务　　　　　　　　　　网络服务

客服电话：010-88361066　　　机 工 官 网：www.cmpbook.com
　　　　　010-88379833　　　机 工 官 博：weibo.com/cmp1952
　　　　　010-68326294　　　金 书 网：www.golden-book.com
封底无防伪标均为盗版　　　机工教育服务网：www.cmpedu.com

出版说明

军队自学考试是经国家教育行政部门批准、对军队人员进行以学历继续教育为主的高等教育国家考试，是个人自学、院校助学和国家考试相结合的高等教育形式，同时，也是部队军事职业教育的重要组成部分。军队自学考试自 1989 年举办以来，培养了大批人才，为军队建设做出了积极贡献。随着国防和军队改革的稳步推进，在军委机关统一部署下，军队自学考试专业调整工作于 2017 年启动，此次调整中新增通信工程（本科）和通信技术（专科）两个专业，专业建设相关工作由陆军工程大学具体负责。

陆军工程大学在通信、信息、计算机科学等领域经过数十年的建设和发展，形成了实力雄厚的师资队伍，拥有两个国家重点学科、两个军队重点学科和多个国家级教学科研平台、全军重点实验室及全军研究（培训）中心，取得了丰硕的教学科研成果。

自承担通信工程（本科）和通信技术（专科）两个军队自学考试专业建设任务以来，陆军工程大学精心遴选教学骨干，组建教材建设团队，依据课程考试大纲编写了自建课程配套教材，并邀请军地高校、科研院所及基层部队相关领域专家、教授给予了大力指导。所建教材主要包括《现代通信网》《战术互联网》《通信电子线路》等 17 部。秉持"教育＋网络"的理念，相关课程的在线教学资源也在同步建设中。

衷心希望广大考生能够结合实际工作，不断探索适合自己的学习方法，充分利用课程教材及其他配套资源，努力学习，刻苦钻研，达到课程考试大纲规定的要求，顺利通过考试。同时也欢迎相关领域的学生和工程技术人员学习、参阅我们的系列教材。希望各位读者对我们的教材提出宝贵意见和建议，推动教材建设工作的持续改进。

陆军工程大学军队自学考试专业建设团队

2019 年 6 月

前　言

短波通信具有通信距离远、开通迅速、机动灵活、网络重构便捷等优点，是军事通信和应急通信的重要手段。由于依靠不稳定的大气电离层反射进行电波传播，短波信道具有多径传播、时变色散、衰落严重、干扰复杂等特点，可靠的短波通信技术复杂、实现难度大。随着微电子技术和数字信号处理技术的飞速发展，短波频段面临的电磁环境不断恶化，促进短波通信技术、设备不断进步和更新换代。

党的二十大报告指出：培养造就大批德才兼备的高素质人才，是国家和民族长远发展大计。由于短波通信应用的特殊性，民用短波通信较少，因此关于短波通信的书籍不多，编写团队在结合几十年从事短波通信技术研究、设备研制和教学实践经验的基础上完成了本书的编写。本书以短波通信技术发展过程为主线，对短波通信系统的组成、数据传输和自适应通信等关键技术，以及短波通信技术的应用和最新进展、对短波信道进行了全面系统的分析和阐述。全书共分9章，具体安排如下：

第1、2章回顾了短波通信技术的发展历程，探讨了短波通信的技术现状和未来的发展趋势，重点分析了短波信道的特点，研究了 Watterson 窄带信道模型和 ITS 宽带信道模型；第3章是对短波通信系统的整体性认识，介绍了短波通信系统各部分组成和功能，讨论了短波收、发信机的主要模块、短波功放、短波数字化技术，以及系统的体系架构；第4、5章以具有代表性的实用数据传输波形逐步展开，内容包括多载波并行数据传输技术，单载波串行高速数据传输技术；第6章为短波自适应通信技术，以提升和优化短波通信系统整体性能为目标展开，介绍了短波自适应通信原理、第二代和第三代自适应通信技术，以及新一代自适应通信技术；第7章为短波抗干扰数据传输技术，讨论了直接序列扩频技术和跳频通信技术；第8、9章分别介绍了短波天线技术和高效组网技术。

本书由任国春主编，第1章由罗屹洁和丁国如编写，第2章由任国春和张玉明编写，第3章由徐煜华和徐作庭编写，第4、5章由程云鹏、童晓兵和郑学强编写，第6章由龚玉萍和崔丽编写，第7章由宋绯和陈瑾编写，第8章由江汉和徐以涛编写，第9章由杨旸和王斌编写。团队博士研究生、硕士研究生也积极参与编写工作，在此表示衷心的感谢！

对于正在蓬勃发展的短波通信理论和技术，由于编者水平有限，书中难免存在不妥之处，恳请各位专家、同仁和广大读者批评指正。

编　者

目　录

第1章

短波通信概述

01

短波通信依靠 1.5～30MHz 的电磁波进行信号传输，是最早出现并被广泛应用的无线通信方式，至今仍是中远距离无线通信的重要手段。短波信道传播特性异常复杂，其理论和技术仍处于不断完善和发展的过程中。

1.1　短波通信发展历程

人类对电现象和磁现象的观察及研究经历了数千年的历史，但直到 16 世纪英国科学家吉尔伯特第一个引入了"电吸引"的概念，才标志着电现象系统研究的开始。

18 世纪后期，科学家开始研究电荷之间的相互作用，但大都是从定性分析的角度出发。1785 年，法国物理学家库仑用扭秤实验测量了两电荷之间的作用力与距离的关系，第一次定量分析了电学问题。

1820 年丹麦电学家奥斯特在研究电和磁的关系时，发现了电流的磁效应，即"电"可以产生"磁"。1831 年英国物理学家法拉第在总结前人大量工作的基础上，提出了电磁感应定律，证明了"磁"可以产生"电"。

1865 年英国物理学家麦克斯韦在库仑定律、安培定律和法拉第定律基础上，提出了涡旋电场和位移电流假说，建立了完整的电磁场理论体系。1888 年德国物理学家赫兹首先证实了电磁波的存在，验证了麦克斯韦的理论。

1895 年意大利电气工程师马可尼成功进行了通信距离为 2.7km 的无线信号传输试验。1896 年俄国无线电通信发明家波波夫进行了用无线电传递莫尔斯码的试验。这两个试验标志着无线通信的诞生。

在无线电应用的最初阶段，除了科学家，还有一大批业余无线电爱好者从事这方面的研究工作。他们没有条件建立庞大而昂贵的中波和长波通信系统，只能在不被当时科学家看好的短波频段，利用自制的简易设备，互相联络。1921 年，意大利首都罗马的近郊发生了一场大火，一个业余无线电爱好者用仅有几十瓦功率的短波电台发出了求救信号，这一信号竟意外地被远在北欧哥本哈根的业余无线电台收到了。

19 世纪 20 年代初，随着各种高增益、强方向性短波天线的出现，短波通信得到了飞速发展，开始成为中远距离通信的主要手段。

在 1965 年以前，短波通信是远程通信特别是洲际通信中的重要手段。此后，由于受到卫星通信快速发展的冲击，短波通信的发展进入了低谷。20 世纪 80 年代，世界军备竞赛愈演愈烈，由于短波通信不依赖于易被摧毁的固定基础设施，具有快速恢复通信联络等特点，因此又重新受到重视。此后，世界上许多国家加大了对短波通信的投入，推动了短波通信，尤其是短波数字通信的快速发展。

1.2　短波通信特点

短波通信具备无中继远程通信能力，具有机动性强、网络重构快捷和抗毁性强等优点。但是，由于短波信道条件复杂且不稳定，存在多径干扰、信号衰落和多普勒频移等不利因素，因此很难保证可靠的短波通信。

1.2.1　短波通信的优势

短波通信具有以下优势：

（1）无中继远程通信

短波通信利用电离层反射实现信号传播，无须人为的中继系统就可完成远程通信。天波短波信号单次反射最大的传输距离可达 4000km，多次反射可达上万公里，具备全球通信能力。

（2）抗毁性强

短波通信是唯一不受网络枢纽和有源中继制约的远程通信手段，且其传输媒介——电离层具有不被永久摧毁的特性，因此短波通信抗毁能力强。

（3）机动灵活

短波通信设备具有多种形式，包括固定式、背负式、车载式、舰载式、机载式等，具有机动灵活的特点，可满足不同的通信需求。

（4）网络重构快捷

短波通信具有建网速度快、组织方便、顽存性强等优点。在战争或重大自然灾害发生时，即使固定基础设施全面瘫痪，短波通信网络仍然能够快速开通，保障通信畅通。

1.2.2　短波通信的不利因素

短波通信信道条件恶劣，信道特性随时间快速复杂变化；同时，短波信道的开放性，导致了通信干扰严重。因此，短波通信面临严重挑战。

（1）多径干扰严重

短波信道是一个多径衰落信道，其多径时延可达 5ms。多径干扰会引起数据传输过程中的码间串扰和频率选择性衰落，导致接收信号起伏不定，严重影响通信质量。

（2）信道时变

短波通信依靠电离层反射进行通信，而电离层具有不稳定的多层结构，导致多径分布具有时变性。同时，电离层的快速变化会导致多普勒频移和多普勒扩展，引起短波接收信号失真。这种失真也是时变的，进一步加剧了短波信道的时变性。

（3）干扰复杂

短波通信中存在严重的干扰，主要包括自然干扰、电台互扰和有意干扰。

自然干扰主要包括工业干扰、太阳磁暴干扰和天电干扰。工业干扰主要来自于各种电气设备、电力网和打火设备；太阳磁暴干扰主要由太阳的强烈耀斑引起；天电干扰由大气中雷雨云放电产生，主要表现为突发性脉冲干扰。

电台互扰是指来自和本电台工作频率相近的其他无线电台的干扰，包括杂散干扰、互调干扰和阻塞干扰。由于远距离传播的特点，从短波接收机的角度来看，会有更多的远方电台信号传播过来，形成严重的互扰。

有意干扰是指敌方有意释放的干扰，主要包括跟踪干扰、部分频带阻塞干扰和欺骗回放干扰等。由于短波信号传输距离远，因而极易被远距离侦听并实施远程干扰。

1.3　技术挑战与发展趋势

1.3.1　技术挑战

未来短波通信技术发展将主要面临以下挑战：

（1）可靠性通联

非合作频率竞争使用与无用功率发射增大，导致短波电磁环境持续恶化，21 世纪以来，我国短波背景噪声干扰电平每年升高约 1dB。电磁频谱战、电子战对抗日益激烈，敌方有意干扰呈现日益严峻的局面。

（2）高速通信需求

现有短波通信以提供话音业务和低速数据业务为主，未来对支撑图像和视频传输的短波通信需求依然存在。

（3）大规模用户接入

随着短波通信在军事和民用领域的应用不断拓展，地基、海基、空基等短波用户的数量也在与日俱增，同时并发的通信链路数目也随着增加，如何协调好大规模用户接入将成为未来需要解决的一个技术挑战。

1.3.2　发展趋势

为满足可靠连通、高速传输、大规模组网等应用需求，未来短波通信主要有以下三个发展趋势：一是智能化，二是宽带化，三是网络化。

（1）智能化

复杂战场电磁环境下，提升短波通信系统对环境的适应能力是一个大趋势。人工智能特别是机器学习、深度学习的最新进展为短波通信的智能化研发提供了新的发展机遇，有许多开放性问题值得探索。

（2）宽带化

根据香农公式，拓展带宽是提高短波通信效果的有效途径。考虑到短波信道十分拥挤，宽而可用的频谱带宽不易寻到，但是不同频段内还是存在多个离散可用频率窗口，因此基于频谱聚合的多载波传输技术，可进一步拓展通信带宽，使短波通信具备远距离图像/视频传输能力。

（3）网络化

空天地海一体化信息网络是大的发展趋势，短波通信需要与卫星通信、超短波通信等系统实现综合组网，发挥各自优势和特长。此外短波用户业务呈现突发性等特征，支持大规模用户接入需要探索新的多址接入和组网协议。

思考题

1. 简述短波通信发展历史。
2. 简述短波通信的特点，包括优势和不利因素。
3. 简述短波通信的技术挑战与发展趋势。

第2章

短波信道

02

2.1 短波信道基本概念

信息为信息的传输通道或传输媒介，短波通信使用无线电频率为 1.5 ~ 30MHz 的电磁波进行信息传输，短波信道就是传播短波信号的通道。短波传播主要分为天波和地波两种形式，如图 2-1 所示。天波依靠电离层反射来传播，可以实现远距离通信；地波沿地球表面进行传播，由于地面对短波衰减较大，所以地波适用于近距离通信。

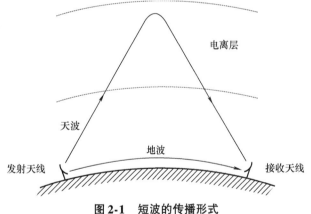

图 2-1 短波的传播形式

2.1.1 短波地波传播及特点

沿地面传播的无线电波叫地波。由于地球表面是有电阻的导体，当电波沿地球表面传播时，有一部分电磁能量被消耗，而且随着频率的增高，地波损耗逐渐增大。因此，地波传播形式主要应用于长波、中波和短波频段低端的 1.5 ~ 5MHz 频率范围。

地波的传播距离不仅与频率有关，还与传播路径的地面条件密切相关。地面条件包括地面电参数和平坦性。当电波沿地面传播时，在地面产生感应电流，由于大地不是理想导电体，感应电流在地面流动要消耗能量，造成传输损耗，电波频率越低，损耗越小，地面导电性越好，吸收损耗越小。同时，地面障碍物越高，电磁波的绕射能力越弱，其影响视电磁波的波长而不同，波长越长影响越小。因此，短波信号沿陆地传播时衰减很快，只有距离发射天线较近的地方才能收到，即使使用 1kW 的发射机，陆地上传播距离也仅为 100km 左右。而沿海面传播的距离远远超过陆地的传播距离，在海上通信能够覆盖 1000km 以上的范围。由此可见，短波的地波传播形式一般不宜作无线电广播和远距离陆地通信，而多用于海上

5

通信、海岸电台与船舶电台之间的通信以及近距离的陆地无线通信。

由于地表面的电性能及地貌、地物等并不随时间很快的变化，在传播路径上地波传播基本上可以认为不随时间变化，接收点的场强稳定，故地波传播特性稳定可靠，通信效果好，与昼夜和季节的变化无关。

2.1.2 短波天波传播及特点

天波传播是指电磁波向高空辐射，被高空电离层反射后返回地面进行传播，电磁波可以通过电离层和地面多次反射，传播上万公里，天波传播实现了短波无须中继的远距离通信。因此，针对短波通信，天波传播具有更重要的意义，后面章节具体讨论的短波信道都是指短波天波信道。

短波天波通信依靠电离层反射进行远距离信号传输，导致短波天波信道的主要参量，如路径损耗、时延散布、噪声和干扰等都随昼夜、频率、地点而不断地变化。短波天波信道是一种典型变参信道，信号传输稳定性差，主要表现在：①电离层的变化使信号产生严重衰落，造成接收信号呈现忽大忽小的变化，且衰落的幅度和频次也不断变化。②电离层的折射率随机变化及电离层不均匀体的快速运动，会使信号传输路径长度不断变化，从而出现相位随机起伏，导致传输信号频率发生漂移，即产生多普勒频移，同时由于多普勒频移的变化，致使接收端信号频谱展宽，影响接收性能。③天波信道存在着严重的多径效应，造成频率选择性衰落和多径时延，衰落使信号失真和不稳定；由于多径时延造成信号不稳和误码率增加。④短波频段全球军民共用，信道特别拥挤，且存在强的自然干扰、电台互扰，以及易遭受敌方干扰。因此，短波天波信道是最恶劣无线信道之一，短波天波通信效果差，实现顺畅可靠通信难以保证。

2.2 电离层特性

2.2.1 地球大气层的结构

包围地球的大气层的空气密度是随离地面高度的增加而减少的，图 2-2 给出了地球大气层的结构图。一般，离地面大约 10km 以下，空气密度比较大，各种大气现象如风、雨、雪等都是在这一区域内产生的，大气层的这一部分叫作对流层。离地面 60km 以上，空气密度稀薄，同时太阳辐射和宇宙射线辐射等作用很强烈，使空气产生电离，形成电离层。电离层大致分为三层：离地面 60～90km 为 D 层；离地面 90～140km 为 E 层；E 层之上一直到数百甚至上千公里统称为 F 层，白天 F 层分为 F1 和 F2 层，F2 层处于 F1 层之上，夜间 F1 层消失。

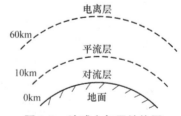

图 2-2 地球大气层结构图

2.2.2 电离层变化规律

地球高层大气分子在宇宙射线、太阳紫外线和 X 射线的作用下，电离形成等离子体区域即电离层。电离层中电子密度呈不均匀分布，根据电子密度随高度变化的情况，可把电离层分为 D 层、E 层和 F 层。

D 层是最低层，白天出现在地球上空 60 ~ 90km 高度处，夜间消失。D 层的电子密度一般不足以反射短波信号，信号穿过 D 层时将产生衰减，频率越高衰减越小，而且在 D 层的衰减量远大于 E 层和 F 层，所以 D 层也称为吸收层。

E 层位于地球上空 90 ~ 140km 高度处，仅存在于白天，可反射频率高于 1.5MHz 的电磁波。这里需要说明的是，在 120km 高度处，偶尔会出现一个持续时间不长、具有很高电子密度的偶发 Es 层。

F 层分为 F1 层和 F2 层。F1 层位于地球上空 140 ~ 200km 高度处，夜间消失。F2 层位于地球上空 200 ~ 1000km 高度处，它不同于其他电离层，在日落后仍能保持一定电子密度，但能反射的电磁波频率远低于白天。由此可见，为保持持续通信，工作频率必须昼夜更换。图 2-3 给出了电离层在白天和夜晚的结构。

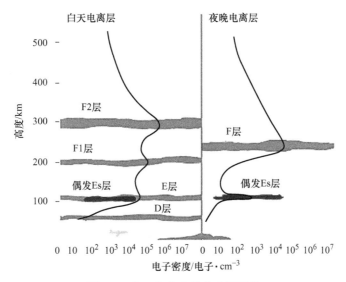

图 2-3　白天和夜晚的电离层结构

电离层的特性决定了传输信号产生衰减和畸变的程度。电离层的长时统计特性除随日夜变化外，还随季节、太阳黑子周期、地理位置发生变化。另外，电离层偶尔还发生一些随机、非周期、突发的变化。电离层的特性和通信频率的选取决定了电离层对电波的反射和吸收能力，从而影响接收信号强度。

电离层特性的统计均值随昼夜、季节、太阳黑子周期和地理位置变化而有规律地变化。这是由于电离层电子密度与太阳的照射紧密相关，太阳辐射越强，大气电离越剧烈，电离层电子密度越大。因此，一般来讲，夏季电子密度大于冬季，白天电子密度大于夜间，中午的电子密度比早晚大，而正午电子密度最大。电离层 D 层在日落之后很快消失，而 E 层和 F 层的电子密度逐渐减小，到了日出之后，各层的电子密度开始增长。由于赤道附近太阳照射强，南北两极弱，所以赤道附近电子密度较大，南北极最小。另外，太阳辐射与太阳的活动性有关，太阳一年的平均黑子数代表太阳活动性，黑子数目增加时，太阳所辐射的能量增强，各层电子密度增大。

电离层特性除了具有上述规律稳定的变化外，还会发生一些随机的、非周期的、突发的急剧变化，主要包括：偶发 Es 层、电离层暴、电离层突发骚扰等。电离层的突发随机变化有时会造成通信中断。

偶发 Es 层出现时，入射电波的部分甚至全部能量遭到反射，无法通过 Es 层以上区域反射回地面，形成所谓的"遮蔽"现象，不能实现预定距离通信。图 2-4 给出了偶发 Es 层遮蔽现象示意图。在图 2-4a 中，A、B 两地间通过 F2 层反射电波实现正常通信，当通信线路中出现图 2-4b 中的偶发 Es 层时，电波被 Es 层完全反射，此时虽然 C 点能接收到较强的反射信号，但预定通信接收方 B 点的接收信号微弱，甚至完全消失。这里需要说明，有时也可通过偶发 Es 层反射建立特定的通信链路。

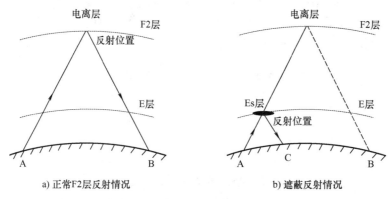

a) 正常F2层反射情况　　　　　　b) 遮蔽反射情况

图 2-4　偶发 Es 层遮蔽现象示意图

电离层暴是由太阳局部地区扰动引起的电离层剧烈变化，主要影响 F 层，持续时间由几小时至几天不等。电离层暴通常可分为 3 类：①正相电离层暴指 F2 层可反射的最高频率高于正常值，多发生于赤道地区上空。②负相电离层暴指 F2 层可反射的最高频率低于正常值，多发生于中、高纬度地区，持续时间长。③双相电离层暴指上述两种情况同时出现。电离层暴会导致电离层结构受到严重破坏，出现层次不清的混乱状况。电子密度呈现或增加或减少的剧烈扰动，会造成数小时甚至数天内不能正常通信。

电离层突发骚扰是一种来势很猛但持续时间不长（一般为几分钟至几小时）的扰动，它仅发生在日照面电离层的 D 层。这种扰动由太阳耀斑引起，耀斑区发出的强烈远紫外辐射和 X 射线，大约 8min 后到达地球，使地球向阳面电离层特别是 D 层中的电子密度突然增大。当发生这种骚扰时，由于 D 层电子密度增大，通过 D 层的短波电波突然受到强烈吸收，常出现短波通信中断现象。耀斑期间，E 层和 F 层底部的电子密度也突然增加，会导致可用的短波频率突然偏离正常值。

因此，从长时间统计角度讲电离层特性是有规律的。但在某些特定时刻，其短时特性呈现随机、非周期、突发的剧烈变化。

2.2.3　电离层变化对工作频率的影响

电波到达电离层后存在三种不同情况，一是被电离层完全吸收；二是反射回地面；三是穿透电离层。在电离层特性一定的条件下，具体出现哪种情况与短波通信工作频率密切相关。电波频率越低，被电离层吸收得越多；电波频率越高，被电离层吸收得越少，穿透能力越强。

随着短波通信频率的降低，电离层的吸收能力逐步增强，接收端电波能量逐渐降低。当频率降低到一定程度时，电波能量的大部分甚至全部被电离层吸收，接收端的信号强度将低于接收门限，导致通信中断，此时的临界频率定义为最低可用频率（LUF）。相对地，随着短波通信频率的升高，电离层的吸收逐步减小，但电波的穿透能力逐渐增强，反射回地面的信号强度同样也会降低，当小于接收门限时，同样导致通信中断。此时的临界频率定义为最高可用频率（MUF），即能被电离层反射回地面的最高频率。

LUF 和 MUF 之间的频率称为可用频率窗口。需要注意的是，可用频率窗口与实际通信系统的接收门限有关，一般来说，高速数据传输系统的可用频率窗口小于低速数据传输系统。

下面分析短波通信中最高可用频率是最佳工作频率的原因以及根据信道特性变化实时切换工作频率的必要性。

当通信线路选用 MUF 作为工作频率实施 A 点到 B 点的通信时，考虑单跳模式，电离层反射位置固定，发射端用 3 根线表示入射电离层的电波波束，如图 2-5 所示。电波进入电离层的角度称为入射角，入射角越小，电波穿透电离层的能力越强。中间射线表示实际通信中的电波传播路径，其入射角为 θ_0。当采用 MUF 时，射线束中入射角小于 θ_0 的入射电波（即中间射线上方区域的电波）穿透电离层；射线束中入射角大于 θ_0 的入射电波能量（即中间射线下方区域的电波）被电离层全部吸收，此时只有一条传播路径，且电波的吸收损耗最小。

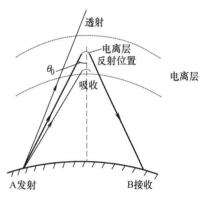

图 2-5　工作频率等于 MUF 时
（只有一条传播路径）

假设电离层特性不变，当工作频率低于 MUF 时，分析电波传播情况。随着工作频率的降低，电离层对入射角为 θ_0 的电波的吸收能力增强，导致到达接收端的信号强度降低；同时，入射角小于 θ_0 的入射电波不再完全穿透电离层，部分被反射回地面形成高角射线电波；入射角大于 θ_0 的入射电波穿透力进一步减弱，此时电波可能在电离层的低层被反射回接收端，形成低角射线电波。因此，当工作频率低于 MUF 时，由于电离层对电波吸收、散射和折射的影响，高低角射线路径会逐步分离，形成可分离的两条传播路径，如图 2-6 所示，且频率越低，其高低角射线路径分离越开。这时，高低角射线传播路径相差变大，其传播相对时延也变大。

当工作频率高于 MUF 时，入射角小于等于 θ_0 的电波波束将穿透电离层，入射角大于 θ_0 的电波将被完全吸收，如图 2-7 所示，接收信号强度微弱，低于解调门限，甚至可以认为接收点信号消失。

由于电离层是时变的，当电离层电子密度变化时，如果通信频率不随之变化，将对通信效果产生影响。下面，仍然以单跳通信为例，分析电离层电子密度变化对短波传输信号的影响。由于电离层具有多层结构，当太阳辐射增强时，各层电子密度都将会增大，电离层对电波的吸收和反射能力都将增强，它们的共同作用会影响电波的传播。其中，D 层的电子密度的增加主要表现为对电波的吸收作用增强。

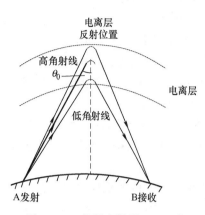

图 2-6 工作频率低于 MUF 时

（存在高低角射线多径）

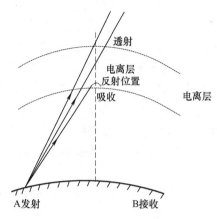

图 2-7 工作频率高于 MUF 时

（无反射路径）

设短波电台当前工作在 MUF，当电离层的电子密度增加时，如果通信频率不变，短波通信的传播情况与前面分析一致，会逐步分离形成高低角射线路径，且两路径接收信号强度同时会减弱。此时若将通信频率提高到变化后新的 MUF，则高低角射线路径合并，接收信号增强。

同样，当太阳辐射减弱时，各层电子密度都会降低，电离层对电波的吸收和反射能力都将减弱。如果通信频率不变，电波有可能全部穿透电离层，导致接收信号减弱。此时必须降低通信频率，提高反射信号的强度，从而保证通信的质量。

通过上述分析，考虑电离层的变化时，为保证持续稳定的通信效果，实际工作频率一般低于 MUF 值。同时，为了尽量减小高低角射线路径影响，通常选取的最佳工作频率值 FOT = 0.85MUF，能够在一定范围内基本适应电离层的波动变化。图 2-8 给出了全天 MUF 和 FOT 随时间变化的曲线，从图中可以看出，白天的工作频率较高，夜间较低。

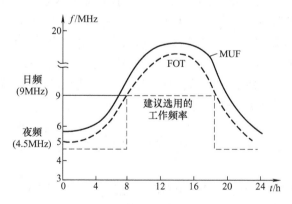

图 2-8 MUF 和 FOT 随时间变化曲线

这里必须说明的是，按照 MUF 日变化曲线确定的工作频率，在实际中并不能完全保证可靠通信。这是因为 MUF 日变化曲线主要是考虑电离层规则变化，其变化曲线体现了电离层特性的统计中值，不能反映电离层特性的实时变化，更不能反映电离层发生随机的、非周期的、突发的急剧变化。因此在实际应用中，需要通过探测手段进行实时选频，获取最佳工作频率。

2.3　短波信道传输特性

短波传播主要依靠电离层反射。由于电离层是分层、不均匀、时变的媒质，所以短波信道属于随机变参信道，即传输参数是时变的，且无规律的，故称随机变参。短波信道又称时变色散信道。所谓"时变"即传播特性随机变化，这些信道特性对于信号的传播是很不利的。但短波传播，也有众所周知的优点，如传播距离远、设备简单、适于战时军用通信保障等，所以短波信道仍是较常用的信道之一。短波信道存在多径效应、衰落、多普勒频移等特性，需要时短波信道的这几个主要特性进行较深入的分析。

2.3.1　多径衰落

多径效应是指来自发射源的电波信号通过不同的途径、以不同的时间延迟到达远方接收端的现象。这些经过不同途径到达接收端的信号，因时延不同使相位互不相同，并且因各自传播途径中的衰减量不同使电场强度也不同。如图 2-9a 所示，短波电波传播时，有经过电离层一次反射到达接收端的一次跳跃情况，也可能有先经过电离层反射到地而再反射上去，经过电离层反射到达接收端的二次跳跃情况。甚至可能经过三跳、四跳后才到达接收端的情况。也就是说，虽然在发射端发射的电波只有一个，但在接收端却可以收到由多个不同途径反射而来的同一发射源电波，这种现象称为"粗多径效应"。据统计，短波信道中 2 ~ 4 条路径约占 85%，3 条最多，2 条和 4 条次之，5 条以上可以忽略。

另外，由于电离层不可能完全像一面反射镜，电离层不均匀性对信号来说呈现多个散射体，电波射入时经过多个散射体反射出现了多个反射波，如图 2-9b 所示。这就是无线电波束的漫反射现象。这时在接收端收到多个来自同一发射源电波的现象称为"细多径效应"。

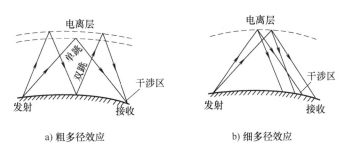

a) 粗多径效应　　　　　　　　　　b) 细多径效应

图 2-9　引起多径衰落的原因

信号经过不同路径到达接收端的时间是不同的。两条路径间的时间差为多径时延，多径时延与信号传输的距离及信号频率有关。一般来说，多径时延等于或大于 0.5ms 的占 99.5%，等于或大于 2.4ms 的占 50%，超过 5ms 的仅占 0.5%。

衰落现象是指接收端信号强度随机变化的一种现象。在短波通信中，即使在电离层的平静时期，也不可能获得稳定的信号。在接收端信号振幅总是呈现忽大忽小的随机变化，如图 2-10

所示，这种现象称为衰落。

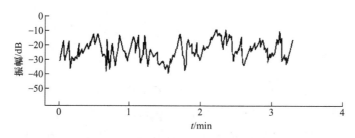

图 2-10   接收端信号振幅的随机起伏

在短波传播中，衰落又有快衰落和慢衰落之分。快衰落的周期是从十分之几秒到几十秒不等，而慢衰落周期从几分钟到几小时，甚至更长时间。

（1）快衰落

快衰落是一种干涉性衰落，是由多径传播现象引起的。由于多径传播，到达接收端的电波射线不是一根而是多根，这些电波射线通过不同的路径，到达接收端的时间是不同的。由于电离层的电子密度、高度均是随机变化的，故电波射线轨迹也随之变化，这就使得由多径传播到达接收端的同一信号之间不能保持固定的相位差，使合成的信号振幅随机起伏。这种由到达接收端的若干个信号的相位干涉所造成的衰落也称"干涉衰落"。干涉衰落具有下列特征：

1）具有明显的频率选择性。也就是说，干涉衰落对某一单个频率或一个几百赫兹的窄频带信号产生影响。对一个受调制的高频信号，由于它所包含的各种频率分量，在传播中具有不同的多径传播条件，所以在调制频带内，即使在一个窄频段内也会发生信号失真，甚至严重衰落。遭受衰落的频段宽度一般不会超过 300Hz。同时，通过实践也可证明，两个频移差值大于 400Hz，它们的衰落特性的相关性就很小了。

2）通过长期观察证实了遭受快衰落的电场强度振幅服从瑞利分布，即衰落信号的振幅服从瑞利分布。

3）大量的测量值表明：干涉衰落的速率（也称衰落速率）为 10 ～ 20 次/min，衰落深度可达 40dB，偶尔达 80dB。衰落持续时间通常在 4 ～20ms 范围内，它和慢衰落有明显的差别。持续时间的长短可以用来判别是快衰落还是慢衰落。快衰落现象对电波传播的可靠度和通信质量有严重的影响，对付快衰落的有效办法是采用分集接收技术。

（2）慢衰落

慢衰落是由 D 层衰减特性的慢变化引起的。它与电离层电子浓度及其高度的变化有关，其时间最长可以持续 1h 或更长。由于它是电离层吸收特性的变化所导致的，所以也称吸收衰落。吸收衰落具有下列特征：

1）接收信号幅度的变化比较缓慢，其周期从几分钟到几小时（包括日变化）。

2）对短波整个频段的影响程度是相同的。如果不考虑磁暴和电离层骚扰，衰落深度有可能达到低于中值 10dB。

通常，电离层骚扰也可以归结到慢衰落。太阳黑子区域常常发生耀斑爆发，此时有极强的 X 射线和紫外线辐射，并以光速向外传播，使白昼时电离层的电离增强，D 层的电子密度可能比正常值大 10 倍以上，不仅把中波吸收，而且把短波大部分甚至全部吸收，以至通信中断。通常这种骚扰的持续时间从几分钟到 1h。

实际上快衰落与慢衰落往往是叠加在一起的，在短的观测时间内，慢衰落不易被察觉。克服慢衰落，除了正确地调换发射频率外，还可以靠加大发射功率来补偿电离层吸收的增强。

2.3.2　多普勒频移和多普勒扩展

利用短波信道传播信号时，不仅存在由于衰落所造成的信号振幅的起伏，而且传播中还存在多普勒效应所造成的发射信号频率的漂移，这种漂移称为多普勒频移，用 Δf 表示。多普勒频移产生的原因是电离层经常性的快速运动，以及反射层高度的快速变化，使传播路径的长度不断地变化，信号的相位也随之产生变化。这种相位的变化，可以看成电离层不规则运动引起的高频载波的多普勒频移。

多普勒频移在日出和日落期间呈现出较大的数值，此时有可能影响采用小频移的窄带电报的传输。当电离层处于平静的夜间，不存在多普勒效应，而在其他时间，多普勒频移大约在 $1\sim2\text{Hz}$ 的范围内。当发生磁暴时，频移最高可达 6Hz。以上给出的 $1\sim6\text{Hz}$ 的多普勒频移，是对单跳模式传播而言的。若电波以多跳模式传播，则总频移值按下式计算：

$$\Delta f_{\text{tot}} = n\Delta f$$

式中，n 为跳数；Δf 为单跳多普勒频移；Δf_{tot} 为总频移。

相位起伏是指信号相位随时间的不规则变化。在短波传播中，引起相位起伏的主要原因是多径传播和电离层的不均匀性。随机多径分量之间的干涉引起接收信号相位随机起伏，这是显而易见的。即便是只存在一种传播路径的情况下，电离层折射率的随机起伏，也会使信号的传输路径长度不断变化，因而也会产生相位的随机起伏。

相位起伏所表现的客观事实也反映在频率的起伏上。当相位随时间变化时，必然产生频率的起伏，如图 2-11 所示。如输入一正弦波信号 $x(t)$，那么，即使不存在热噪声一类的加性干扰的作用，经多径衰落信道之后，其输出信号 $y(t)$ 波形的幅度也可能随时间变化，亦即衰落对信号的幅度和相位进行了调制。此时，信道输出信号的频谱 $y(f)$ 比输入信号的频谱 $x(f)$ 有所展宽，这种现象称为频谱扩展。一般情况下频谱扩展约为 1Hz，最大可达 10Hz。在核爆

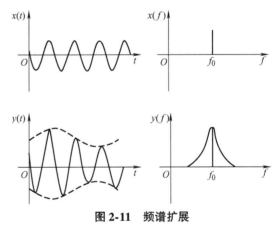

图 2-11　频谱扩展

炸上空，电离层随机运动十分剧烈，因而频谱扩展可达 40Hz。

2.3.3　噪声与干扰

为了提高短波通信线路的质量，除了在系统设计时应适应短波传播媒介的特点外，还必须采用各种有力的抗干扰措施，来消除或减轻短波信道中各种干扰对通信的影响，并保证在接收地点所需的信号干扰比。

无线电干扰分为外部干扰和内部干扰。外部干扰是指接收天线从外部接收的各种噪声，如大气噪声、人为干扰噪声、宇宙噪声等；内部干扰是指接收设备本身所产生的噪

声。由于在短波通信中对信号传输产生影响的主要是外部干扰，所以在本节中不讨论内部干扰。

（1）大气噪声

在短波波段，大气噪声主要是天电干扰。它具有以下几个特征。

1）天电干扰是由大气放电所产生。这种放电所产生的高频振荡的频谱很宽，对长波波段的干扰最强，中、短波次之，而对超短波影响极小，甚至可以忽略。图2-12 示出了某地区天电干扰电场强度和频率的关系曲线。

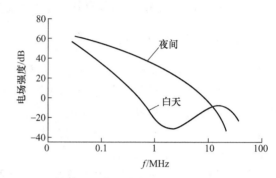

图2-12 某地区天电干扰电场强度和频率的关系曲线

2）每一地区受天电干扰的程度视该地区是否接近雷电中心而不同。在热带和靠近热带的区域，因雷雨较多，天电干扰较为严重。

3）天电干扰在接收地点所产生的电场强度和电波的传播条件有关。图2-12 所示的曲线表明：在白天，干扰强度的实际测量值出现了干扰电平随频率升高而加大的情况。这是由于天电干扰的电场强度，不仅取决于干扰源产生的频谱密度，而且和干扰的传播条件有关。在白天，由于电离层对天电干扰的吸收随频率的上升而减小，同时天电强度自身也会随着频率上升而减小，当前者的减小程度高于后者的减小程度时，就会出现图2-12 所示的白天天电干扰的电场强度中有一段随频率上升而上升的情况。

4）天电干扰虽然在整个频谱上变化相当大，但是在接收机不太宽的通频带内，实际上具有和白噪声一样的频谱。

5）天电干扰具有方向性。我们发现，对于纬度较高的区域，天电干扰由远方传播而来，而且带有方向性。例如北京冬季接收到的天电干扰是从东南亚地区那里来的，而且干扰的方向并非不变，它是随昼夜和季节变动的。一日的干扰方向变动范围为23°～30°。

6）天电干扰具有日变化和季节变化。一般来说，天电干扰的强度冬季低于夏季，这是因为夏天有更频繁的大气放电；而在一天内，夜间的干扰强于白天，这是因为天电干扰的能量主要集中在短波的低频段，这正是短波夜间通信的最有利频段。此外夜间的远方天电干扰也将被接收天线接收到。

（2）工业干扰

工业干扰也称人为干扰，它是由各种电气设备和电力网所产生的。特别需要指出的是，这种干扰的幅度除了和本地干扰源有密切关系外，同时也取决于供电系统。这是因为大部分的工业噪声的能量是通过商业电力网传送来的。图2-13 给出了各种区域噪声系数中值与频率的关系曲线。从图中不难看出，

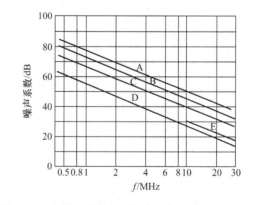

图2-13 各种区域噪声系数中值与频率的关系曲线
A—工业区　B—居民区　C—郊区
D—无电气干扰的郊区　E—宇宙噪声

在工业区和居民区，工业干扰的强度通常远远超过大气噪声，因此它成为通信线路中的主要干扰源。

工业干扰辐射的极化具有重要意义。当接收相同距离、相同强度的干扰源来的噪声时，可以发现，接收到的噪声电平的垂直极化较水平极化高 3dB。

（3）电台干扰

电台干扰是指与本电台工作频率相近的其他无线电台的干扰，包括敌人有意识释放的同频干扰。由于短波波段的频带非常窄，而且用户很多，电台干扰就成为影响短波通信顺畅的主要干扰源。特别是军事通信，电台干扰尤为严重。因此抗电台干扰已成为设计短波通信系统需要考虑的重要问题。

2.4　短波信道模型

短波信号通过电离层反射在导致信号衰减的同时，还会引起信号的失真。建立短波信道的数学模型，反映信道噪声、多径和多普勒频移等因素对短波信号的影响，对于短波通信波形设计及接收处理，都具有重要指导意义。本节主要讨论传输信号经过短波信道后所发生的失真，基于统计理论定量分析短波信道对传输信号的影响，建立短波信道的数学模型。

2.4.1　短波信道数学表述

实际短波通信测量发现，在发送端传输极短的脉冲，接收信号是时延展开的脉冲串，如图 2-14 所示。从图中可以看出：

1）接收端出现了多径信号，如 t_0 时刻发送了 1 个脉冲，接收端收到了 4 个脉冲信号。

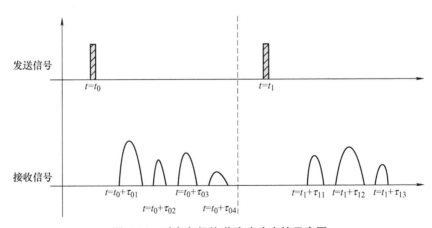

图 2-14　时变多径信道脉冲响应的示意图

2）发送的脉冲极短，但接收脉冲信号出现了时域上的波形展宽，且各条多径展宽程度可能不同。

3）在不同时刻，多径个数和展宽程度可能发生变化，如 t_0 时刻与 t_1 时刻分别存在 4 个和 3 个多径信号。

因此，短波信道是时变多径信道且无法准确预测，必须基于统计理论表征短波信道特性。

假设发送信号为 $s(t)$，存在多条传播路径，每条路径的传播延时和信道响应波形不同，且随时间变化，不考虑加性噪声的影响，则接收信号可以表示为

$$x(t) = \sum_n \int a_n(t,\tau)s(t-\tau)\mathrm{d}\tau \qquad (2-1)$$

式中，n 为路径；$a_n(t,\tau)$ 为 $(t-\tau)$ 时刻发送 1 个冲激在第 n 条路径上 t 时刻的响应。

式 (2-1) 没有清晰表示多径的相对时延，其多径信号时延已包含在每条路径响应 $a_n(t,\tau)$ 中，为了清晰直观表示多径信号，将路径响应中的相对时延表示到传输信号中，重新修正路径响应。如图 2-15 所示，在 t_0 时刻发送 1 个冲激，$a_n(t,\tau)$ 为修正前的脉冲响应，$c_n(t,\tau)$ 为修正后的脉冲响应，由此可见 $c_n(t,\tau)$ 去除了路径间的相对时延，此时式 (2-1) 可表示为

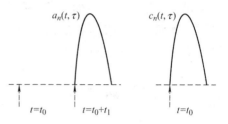

图 2-15　修正前后路径响应对比

$$x(t) = \sum_n \int c_n(t,\tau)s(t-\tau_n(t)-\tau)\mathrm{d}\tau \qquad (2-2)$$

式中，$\tau_n(t)$ 表示第 n 条路径的相对时延，由于电离层特性的变化，相对时延也随时间变化。

下面具体讨论信道路径响应，为方便描述，以下省去路径下标 n。

信道响应 $c(t,\tau)$ 依赖于两个变量 t 和 τ，从理论上讲，短波信道特性需要用多阶统计特性来表征。但在实际中，常用信道响应的二阶统计特性来描述短波信道。因此，基于二阶统计特性的相关函数和功率谱在研究衰落信道的动态特性中起着关键的作用。

经不同电离层反射、多跳传播及高低角射线都可以产生可分离的多径，同时，每条路径本身也是由大量不可分离的电磁波射线组成。因此，可以应用中心极限定理，将每一条多径信号建模为复高斯随机过程，其信道响应为 $c(t,\tau)$。短波通信中，信道响应大多数情况下随时间缓慢变化，可以假设信道响应是广义平稳的。定义 $c(t,\tau)$ 的自相关函数为

$$R_c(\tau_1,\tau_2;\Delta t) = \frac{1}{2}E\{c^*(t,\tau_1)c(t+\Delta t,\tau_2)\} \qquad (2-3)$$

若令 $\tau_1 = \tau_2 = \tau$，则式 (2-3) 可以表示为

$$R_c(\tau;\Delta t) = \frac{1}{2}E\{c^*(t,\tau)c(t+\Delta t,\tau)\} \qquad (2-4)$$

如果 $\Delta t = 0$，那么自相关函数 $R_c(\tau;0) = R_c(\tau)$ 为信道的时延功率谱，实际中可以通过发送很窄的脉冲来测量时延功率谱函数。

同时，将时变信道响应变换到频域考察，首先对信道响应 $c(t,\tau)$ 关于变量 τ 进行傅里叶变换，可得到时变转移函数 $C(t,f)$，其中 f 为频率变量。

$$C(t,f) = \int_{-\infty}^{\infty} c(t,\tau)\mathrm{e}^{-\mathrm{j}2\pi f\tau}\mathrm{d}\tau \qquad (2-5)$$

同样假设时变转移函数 $C(t,f)$ 具有广义平稳特性，定义自相关函数为

$$R_C(f_1,f_2;\Delta t) = \frac{1}{2}E\{C^*(t,f_1)C(t+\Delta t,f_2)\} \qquad (2-6)$$

因为 $C(t, f)$ 是 $c(t, \tau)$ 的傅里叶变换，所以可推导得

$$R_C(f_1, f_2; \Delta t) = \int_{-\infty}^{\infty} R_c(\tau; \Delta t) \mathrm{e}^{-\mathrm{j}2\pi\Delta f\tau}\mathrm{d}\tau = R_C(\Delta f; \Delta t) \tag{2-7}$$

式中，$\Delta f = f_2 - f_1$，这里 $R_C(\Delta f; \Delta t)$ 被称为频率间隔-时间间隔相关函数。实际应用中，可以通过发送一对频率相差为 Δf 的正弦波，将接收信号与其时延 Δt 的信号作互相关来测量 $R_C(\Delta f; \Delta t)$。

在式(2-7) 中，令 $\Delta t = 0$，则可表示为

$$R_C(\Delta f; 0) = \int_{-\infty}^{\infty} R_c(\tau; 0) \mathrm{e}^{-\mathrm{j}2\pi\Delta f\tau}\mathrm{d}\tau$$

$$\Rightarrow R_C(\Delta f) = \int_{-\infty}^{\infty} R_c(\tau) \mathrm{e}^{-\mathrm{j}2\pi\Delta f\tau}\mathrm{d}\tau \tag{2-8}$$

$R_C(\Delta f)$ 是以频率为变量的自相关函数，提供了信道频率相干性的度量。信号时延扩展与信道相干带宽成反比，如果信道相干带宽小于信号带宽，信号将遭受频率选择性衰落，反之为非频率选择性衰落。

信道的时间变化表现为多普勒展宽和多普勒频移，$R_C(\Delta f; \Delta t)$ 关于变量 Δt 傅里叶变换定义为

$$S_C(\Delta f; \nu) = \int_{-\infty}^{\infty} R_C(\Delta f; \Delta t) \mathrm{e}^{-\mathrm{j}2\pi\nu\Delta t}\mathrm{d}\Delta t \tag{2-9}$$

令 $\Delta f = 0$，并定义 $S_C(0; \nu) = S_C(\nu)$，则上式可表示为

$$S_C(\nu) = \int_{-\infty}^{\infty} R_C(\Delta t) \mathrm{e}^{-\mathrm{j}2\pi\nu\Delta t}\mathrm{d}\Delta t \tag{2-10}$$

$S_C(\nu)$ 为信道的多普勒功率谱。如果信道是时不变的，则 $R_C(\Delta t) = 1$，此时 $S_C(\nu)$ 为冲激函数 $\delta(\nu)$，即信号传输中不存在频谱展宽。使 $S_C(\nu)$ 值非零的 ν 值范围就是多普勒展宽。信道相干时间可以用多普勒展宽的倒数进行度量，相干时间就两个瞬时时间的信道冲激响应处于强相关情况下的最大时间间隔，当相干时间大于码元间隔称为慢衰落，反之为快衰落。

现在已建立了 $R_C(\Delta f; \Delta t)$ 与 $R_c(\tau; \Delta t)$，以及 $R_C(\Delta f; \Delta t)$ 与 $S_C(\Delta f; \nu)$ 之间的傅里叶变换关系。此外，还可以建立 $R_c(\tau; \Delta t)$ 与 $S_C(\Delta f; \nu)$ 之间的傅里叶变换关系。先定义函数 $S_c(\tau; \nu)$ 为 $R_c(\tau; \Delta t)$ 关于变量 Δt 的傅里叶变换，则

$$S_c(\tau; \nu) = \int_{-\infty}^{\infty} R_c(\tau; \Delta t) \mathrm{e}^{-\mathrm{j}2\pi\nu\Delta t}\mathrm{d}\Delta t \tag{2-11}$$

由式(2-7)、式(2-9) 和式(2-11) 知，$S_C(\Delta f; \nu)$ 与 $S_c(\tau; \nu)$ 也是傅里叶变换对。$S_c(\tau; \nu)$ 被称为信道散射函数，且 $S_c(\tau; \nu)$ 与 $S_C(\Delta f; \nu)$ 是统计等价的，可以利用彼此间的傅里叶变换关系相互导出，散射函数是衰落信道的统计函数，能体现信道响应 $c(t, \tau)$ 的重要统计参数，图 2-16 给出了描述衰落信道统计特性函数之间的关系。

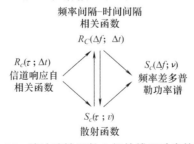

图2-16　统计特性函数之间的傅里叶变换关系

2.4.2　Watterson 模型

为了便于短波通信系统理论分析，人们提出了多种信道模型，其中由 Watterson 等人提出的高斯散射增益抽头延迟线模型（Watterson 模型）应用最为广泛。

如前面分析，短波信道不仅存在多个可分离的路径，而且单个路径内部存在不可分离的时延扩展。当通信信号带宽较窄，一般小于 12kHz 时，其码元宽度相对于单个路径内部时延扩展较大，此时可忽略单个路径内部时延对通信信号的影响。所以 Watterson 模型是忽略单个路径内部时延的窄带信号模型，是实际短波信道模型的一种合理简化。

基于 Watterson 模型，国内外已开发了多种短波信道模拟器，并已广泛应用于各种窄带短波通信系统的性能评估和测试。

当信号带宽较窄时，可忽略单路径的时延扩展影响，此时式（2-2）中的路径信道响应 $c_n(t, \tau)$ 可以简化为一个具有时变衰减的冲激，即

$$c_n(t, \tau) = a_n(t)\delta(\tau) \tag{2-12}$$

将式（2-12）代入式（2-2）可以进一步推导为

$$x(t) = \sum_n a_n(t)s(t - \tau_n(t)) \tag{2-13}$$

当在有限频带（12kHz 以内）及足够短的时间内（如 10min），且信道环境较稳定时，每条路径相对时延保持不变，第 n 条路径的相对时延为 τ_n，则由式（2-14）可以表示出 Watterson 模型的信道响应，即

$$h(t, \tau) = \sum_n a_n(t)\delta(\tau - \tau_n) \tag{2-14}$$

对信道冲激响应 $h(t, \tau)$ 关于变量 τ 进行傅里叶变换，获得 Watterson 模型的时变频率响应为

$$\begin{aligned}
H(f, t) &= \int_{-\infty}^{\infty} \sum_n a_n(t)\delta(\tau - \tau_n) \mathrm{e}^{-\mathrm{j}2\pi\tau f}\mathrm{d}\tau \\
&= \sum_n a_n(t)\mathrm{e}^{-\mathrm{j}2\pi\tau_n f}
\end{aligned} \tag{2-15}$$

式（2-15）可以用高斯散射抽头延迟线模型表示，如图 2-17 所示。每个抽头代表一种电离层传播模式或一条可分离多径，抽头增益函数 $a_n(t)$ 对信号进行幅度和相位调制。$a_n(t)$ 为实部、虚部相互独立的复有色高斯过程，其功率谱为短波信道中的高斯型多普勒功率谱，各抽头增益函数之间相互独立。

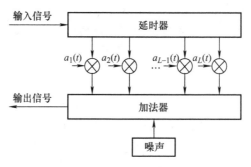

图 2-17　Watterson 短波信道模型

信道响应的统计特性描述了信道的时变动态特性，由 Watterson 模型的时变频率响应，可以推导信道的频率间隔-时间间隔相关函数为

$$R_H(\Delta f, \Delta t) = E\{H^*(f,t)H(f + \Delta f, t + \Delta t)\}$$
$$= \sum_n R_n(\Delta t) e^{-j2\pi\tau_n\Delta f} \tag{2-16}$$

其中

$$R_n(\Delta t) = E[a_n^*(t)a_n(t + \Delta t)] \tag{2-17}$$

对 $R_H(\Delta f, \Delta t)$ 关于变量 Δt 进行傅里叶变换可以获得信道响应的功率谱，即

$$S_H(\Delta f, \nu) = \int_{-\infty}^{\infty} \left(\sum_n R_n(\Delta t) e^{-j2\pi\tau_n\Delta f}\right) e^{-j2\pi\nu\Delta t} d\Delta t$$
$$= \sum_n \left(e^{-j2\pi\tau_n\Delta f} \int_{-\infty}^{\infty} R_n(\Delta t) e^{-j2\pi\nu\Delta t} d\Delta t\right)$$
$$= \sum_n S_{Hn}(\nu) e^{-j2\pi\tau_n\Delta f} \tag{2-18}$$

式中，$S_{Hn}(\nu)$ 为路径增益函数的功率谱。

由此可见，信道的多普勒功率谱与增益函数的功率谱一致，即 Watterson 模型中要求信道增益函数的功率谱为高斯谱。因此，实际应用中，只需要探测短波通信中传播信号的路径数量、各路径时延及强度和信道的多普勒功率谱参数，基于 Watterson 模型结构就可以在实验室环境有效模拟实际短波信道。

2.4.3 ITS 宽带短波信道模型

针对窄带信号，Watterson 模型忽略了短波信道单个路径内部的时延扩展，其最大有效带宽一般小于12kHz。随着短波宽带高速数据传输技术的发展，相对码元周期，单个路径内部的时延扩展变得不可忽略，Watterson 模型已不能真实反映实际宽带短波信道特性。20 世纪 90 年代，美国 ITS 组织的 Vogler 和 Hoffmeyer 等科学家在宽带短波信道实地探测的基础上，深入研究了单路径内时延扩展现象，提出了一种宽带短波信道的传播模型，即 ITS 模型。

ITS 模型是在宽带信号传输条件下，在包含多条可分离路径传播的 Watterson 模型基础上，进一步描述了每条路径内部的时延扩展，是实际短波信道更为精确的描述。

ITS 模型中单路径的时变信道冲激响应函数为

$$c_n(t, \tau) = \sqrt{P_n(\tau)} D_n(t, \tau) \psi_n(t, \tau) \tag{2-19}$$

式中，t 为时间变量；τ 为时延变量；n 为不同的传输模式，对应可分离多径。$c_n(t, \tau)$ 对应第 n 条路径的冲激响应函数，它由三部分组成，其中 $P_n(\tau)$ 为时延功率剖面（DPP, Delay Power Profile），反映第 n 条路径内的时延功率分布；$D_n(t, \tau)$ 为确定相位函数，反映单个路径内的多普勒频移以及多普勒频移随时延的变化；$\psi_n(t, \tau)$ 为随机调制函数，表征单个路径内的衰落和多普勒扩展情况。

（1）时延功率剖面

式（2-19）中的 $P_n(\tau)$ 为第 n 条路径的时延功率剖面，即时延功率谱，描述单个路径内不同时延分量的功率分布情况，它的表达式为

$$P_n(\tau) = A\exp[\alpha(\ln z + 1 - z)] \tag{2-20}$$

其中

$$z = \frac{\tau - \tau_l}{\tau_C - \tau_l} > 0 \tag{2-21}$$

式中，τ_C 为时延功率剖面峰值 A 所对应的时延值。如图 2-18 所示，时延功率剖面形状由 A、τ_C、时延扩展宽度 σ_τ 和上升时延 σ_c 4 个信道实测参数共同决定。当接收门限值为 A_{fl} 时，图中 τ_L 和 τ_U 表示时延功率剖面函数的最小和最大时延。

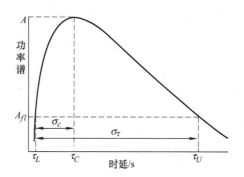

图 2-18 时延功率剖面

考虑接收信号的边界情况，则

$$A_{fL} = A\exp\left[\alpha(\ln z_L + 1 - z_L)\right] = A\exp\left[\alpha(\ln z_U + 1 - z_U)\right] \tag{2-22}$$

其中

$$z_L = \frac{\tau_L - \tau_l}{\tau_C - \tau_l}, z_U = \frac{\tau_U - \tau_l}{\tau_C - \tau_l} \tag{2-23}$$

由式（2-22）和式（2-23）可以通过牛顿迭代法来计算 z_L，从而获得式（2-21）中的未知参数 τ_l，并由式（2-24）获得未知参数 α，即

$$\alpha = (\ln z_L + 1 - z_L)^{-1}\ln S_V, S_V = A_{fl}/A \tag{2-24}$$

在获得参数 α 和 τ_l 后，代入式（2-20）可以获得单个路径内的时延功率剖面函数。

（2）确定相位函数

确定相位函数 $D_n(t, \tau)$ 为第 n 条路径上的相位调制函数，反映单个路径内不同时延的多普勒频移，表达式为

$$D_n(t, \tau) = \exp(j2\pi f_B(\tau)t) \tag{2-25}$$

其中，频移 $f_B(\tau)$ 是关于时延 τ 的函数，则

$$f_B(\tau) = f_{sC} + b(\tau - \tau_C) \tag{2-26}$$

$$b = \frac{f_{sC} - f_{sL}}{\tau_C - \tau_L} \tag{2-27}$$

式中，b 为多普勒频移对应于时延值的变化率，体现了单个路径内的频率色散；f_{sC} 和 f_{sL} 分别为时延值 τ_C 和 τ_L 所对应的多普勒频移。通过探测实际信道，可以得到 f_{sC}、f_{sL}、τ_C 和 τ_L，进而确定相位函数。

（3）随机调制函数

随机调制函数 $\psi_n(t, \tau)$ 表征了第 n 条路径内的多普勒扩展和时变衰落。$\psi_n(t, \tau)$ 是

均值为零的复有色高斯过程，其幅度服从 $Rayleigh$ 分布。$\psi_n(t, \tau)$ 的功率谱密度为第 n 条路径的多普勒功率谱。由于单个路径内信号的时延扩展较小，传播路径和衰落特性基本一致。因此，可以假定单个路径内的随机调制函数 $\psi_n(t, \tau)$ 与时延 τ 无关，且不同路径时延的 $\psi_n(t, \tau)$ 相互独立，其在时间 t 上的相关性决定了多普勒功率谱的形状和多普勒扩展的宽度。

通过实测发现，短波信道的多普勒功率谱一般为高斯（Gaussian）型功率谱。但在高纬度地区电离层比较复杂的情况下，可能为洛仑兹（Lorentzian）型功率谱。高斯型和洛仑兹型功率谱密度表达式分别为式(2-28) 和式(2-29)：

$$S_G(\nu) = \frac{2\sigma^2}{f_c} \sqrt{\frac{\ln 2}{\pi}} e^{-\left(\frac{\nu - f_s}{f_c / \sqrt{\ln 2}}\right)^2} \tag{2-28}$$

$$S_L(\nu) = \frac{2\sigma^2}{\pi} \frac{f_c}{(\nu - f_s)^2 - f_c^2} \tag{2-29}$$

式中，f_s 为频移，表示多普勒扩展的中心频率；f_c 为 3dB 截止频率；$2\sigma^2$ 为随机调制函数方差。

综上所述，在计算时延功率剖面、确定相位函数和随机调制函数的基础上，就可以根据式(2-19) 获得 ITS 传播模型中单个路径的时变信道冲激响应函数。ITS 短波宽带信道模型中单个路径的冲激响应函数 $c_n(t, \tau)$ 是一个平稳随机过程，它的时间自相关函数 $R_n(\tau, \Delta t)$ 的傅里叶变换为传播路径的散射函数，即

$$S_n(\tau, \nu) = \int_{-\infty}^{\infty} R_n(\tau, \Delta t) e^{-j2\pi\nu\Delta t} d\Delta t \tag{2-30}$$

式中，τ 为时延变量；ν 为多普勒频率；Δt 为时间间隔。

$S_n(\tau, \nu)$ 是时延变量 τ 和多普勒频率 ν 的二维功率谱密度函数，$|S_n(\tau, \nu)|$ 反映了信号在时延轴上和多普勒频率轴上的功率分布、时延扩展、多普勒频移和多普勒扩展情况。ITS 短波信道传播模型就是通过描述实际信道中的时延扩展、多普勒频移和多普勒扩展特性，从而实现对短波信道的模拟。同时，也可通过分析信道散射函数来检验信道模拟的准确性。

思考题

1. 短波传播的主要方式是什么？短波地波传播的特点是什么？地波传输信号的衰减受哪些因素影响？

2. 天波传播对于短波通信的意义是什么？短波天波传播的特点是什么？天波传输信号受哪些因素影响？

3. 短波通信使用的电离层可划分为几层？各自特点有哪些？最常用的是哪一层？

4. 影响电离层特性的常见因素有哪些？变化规律是什么？其对于频率使用的影响又是怎样的？

5. MUF 的全称是什么？在通信方面有什么指导意义？工作频率与传输距离、入射角之间的关系是怎样的？如何选择最佳工作频率？

6. 短波信道的特点是什么？短波多径典型时延是多少？分析引起短波信号快、慢衰落

的主要原因。

7. 频率选择性衰落信道是指什么？时间选择性衰落信道是指什么？解释信道的相干带宽和相干时间。

8. 信道建模在通信中的作用和意义是什么？典型的短波信道模型包括哪些？Watterson 模型的基本结构是什么？特征参量都有哪些？

9. ITS 宽带信道模型与传统 Watterson 模型的区别和关系是什么？基于 ITS 模型的宽带信道模拟器能测试窄带短波通信设备吗？为什么？

第3章

短波通信系统

03

3.1 短波通信系统组成

如图3-1所示，固定式短波通信系统主要由发信天线场、集中发信台、遥控线路、集中收信台和收信天线场五大部分组成。在实际短波通信系统中，固定短波台站的收、发信设备是分离的，这主要是为了避免收、发信系统之间的互扰。下面介绍上述组成部分的基本功能。

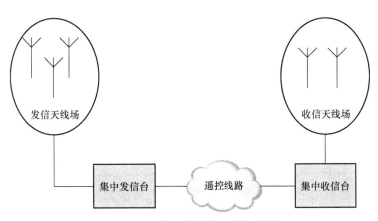

图3-1 短波通信系统组成示意图

1）发信天线场：由集中发信台所有发信天线组成，用来将集中发信台中的电信号转换为电磁信号，然后发射到空中。

2）集中发信台：主要包含激励器、功率放大器和电源三部分，用来激励放大遥控线路传过来的电信号，然后送到发信天线场进行发射。

3）遥控线路：主要包含自适应控制器和集中控制台，完成短波接收机和发射机最佳频率的实时决策，实现自动链路建立，同时完成对台站内各种通信设备的监视、控制、调度、管理等功能。

4）集中收信台：主要包含激励器、功率放大器和电源三部分，用来激励放大天线传过来的电信号，然后送到遥控线路中的中心控制台进行处理。

5）收信天线场：由集中收信台所有收信天线组成，用来接收空中短波电磁信号并转换为电信号，然后送到集中收信台。

下面将详细介绍短波通信系统的设备组成和对应功能，其一般配置有下列设备。

1）收信天线：其作用是将从空中接收到的电磁波信号转换成电流信号。

2）短波收信机：可在等幅报、调幅话、下边带、上边带、独立边带等方式下工作，将天线收到的信号进行放大、解调等处理，获得传输信息。

3）自适应控制器：自适应控制器主要功能是完成短波收信机和发信机最佳频率、最佳链路的实时选择，实现自动链路建立。

4）集中控制台：短波集中控制台通常由收信集中控制设备和发信集中控制设备两部分组成，完成对台站内各种通信设备的监视、控制、调度、管理等功能，包括短波链路管理与调度，通信设备遥控、遥测、遥信，自适应通信系统遥控，遥控线路检测分配，综合终端遥控，设备交换控制与管理，通信过程自动控制，通信管理自动化，综合业务接口等。

5）综合传输交换设备：综合传输交换设备采用局端、远端协同工作的模式进行，完成本地四线音频和 PTT 信号的切换管理以及同远端设备的联系管理。

6）短波发信机：通常由激励器、功率放大器和电源三部分组成。

7）发信天线：将发信机输出的已调制高频电流转换成电磁波的形式发射出去。

除收信天线、发信天线、收信机、发信机等主要设备外，还需配置许多附属设备，才能保障整个短波通信系统工作顺畅，包括天线共用器、发信天线交换器、终端设备、光传输设备、遥控线路、电源设备等。

1）天线共用器：天线共用器的作用是将天线接收到的信号，通过带通滤波器抑制短波频带以外的干扰信号后，送至低噪声放大器进行功率补偿，将输出信号分配给多个接收机，以减少收信天线的数量。

2）发信天线交换器：用于主、备机之间的天线转换设备，不改变原网络的工作状态，不影响主、备机原有的电气指标。

3）终端设备：耳机、电键、电传机和业务终端。

① 耳机：将收信机输出的低频电流信号转换成人耳能识别的声音信息。

② 电键（手键）：用于拍发莫尔斯电码。

③ 电传机：具有人工发报、纸条发报、自动印字收报和复印机等功能。

④ 业务终端：用于完成数据传输、传真、声码话等多种业务。

4）光传输设备：实现收、发信台之间遥控信号的远距离传输。

5）遥控线路：与光缆或电缆传输设备配合，为收、发信台遥控信号提供远程传输路由。

6）电源设备：包括交流配电、汽油或柴油发电机配电屏、UPS 电源、直流开关电源等设备。

3.2　收发信机主要模块和功能

3.2.1　发信机的主要模块和功能

短波发信机是指用于发射短波波段无线电信号的设备，可用于电报、电话或数据通信，也可用于广播。下面介绍几种常见的短波发信机。

（1）双边带发信机

双边带发信机以连续信号控制载波振幅，已调波的功率按频谱可分成载频、上边带和下边带三部分。双边带信号在接收时只需简单检波即可恢复原连续信号，非常适用于单发射端、大量接收端的广播，是声音广播的主要播送方式。其主要由射频源、射频放大器、音频放大器和调幅功率放大器四个部分组成。

（2）单边带发信机

单边带发信机是取消双边带已调波的一个边带，保留、降低或取消载波的已调信号，分别称为全载波、减幅载波和抑制载波单边带信号。其中抑制载频单边带信号具有最高的传输效率，对同样的连续信号可用小功率、窄带宽进行传输。单边带信号通常是在较低的频率上产生的，由变频器把它变换到发射频率，通过改变射频振荡源频率改变发射频率。

（3）振幅键控发信机

振幅键控发信机也称为等幅报发射机或启闭发射机，只需以键控信号在任何一级启闭激励信号，即可形成振幅调制信号。对发射机没有线性要求，功率放大一般为效率高的丙类（C 类）放大。

（4）稳频键控发信机

稳频键控发信机也叫移频报发信机，有专门产生移频键控信号的激励器。射频功率放大一般也采用丙类（C 类）放大。

短波发信机主要由电源单元、激励器、谐波滤波器、功放模块和功率指示模块组成，下面详细介绍上述模块的功能。

（1）电源单元

电源单元是为发射机提供工作电源的组成部件，具有功放过电流保护、过电压保护、过温保护、报警提示的功能。

（2）激励器

激励器是射频信号源，内部生成的调制信号输出到下一级功放单元进行放大。激励器可完成频率分段、反向功率控制、报警信号输入、功率等级和种类的切换、PTT 信号的输出、工作状态的显示和输出信号幅度的修改等功能。

（3）谐波滤波器

谐波滤波器由多块谐波滤波板和继电器切换板组成，主要作用为抑制谐波及在一定程度上的配谐。其连接天线与功放单元，可以抑制谐波的输出，降低输出损耗。整个短波波段被谐波滤波器划分为连续性的多小段，由激励器送来的分段控制信号，选择连通相应的继电器。

（4）功放模块

功放模块是短波发信机的重要组成部分。功放单元的放大器单元接收由激励器推送出的射频信号经若干个相同功率的放大器进行信号放大后，再通过混合式耦合器合成，被保护电路馈送到谐波滤波器。

（5）功率指示模块

功率指示模块包括减法电路、A/D 转换电路、单片机控制电路、射极跟随器及数码显示电路等。

3.2.2 收信机的主要模块和功能

短波收信机是将天线接收到的无线电信号加以选择、变换、放大，以获得所需信息的电子设备。按接收信号的调制方式，可分为调幅收信机、调频收信机和脉冲调制收信机等。下面介绍几种常见的短波收信机。

1. 直放式短波收信机

早期的短波收信机多采用图 3-2 的方案，这种收信机称为直放式短波收信机，其特点是收信机解调器之前的各级电路都工作在信号的发射频率（射频）上，收信机的放大能力和选择能力全部由射频放大器和射频选择回路提供。这种方案现在很少采用，其原因有三点：

1）收信机的增益不能做得很高。因为晶体管的放大能力随工作频率的升高而降低，并且电路的稳定性较差。

2）收信机的选择性能差。收信机对干扰的抑制能力主要是由收信机中的滤波器决定的，由于滤波器的通频带与中心频率成正比，当回路中心频率太高时，由于回路通带太宽，远大于信号频带宽度，对信号频率附近的干扰就无法滤除。

3）电路结构复杂、调整困难。当收信机改变工作频率时，各级电路都必须重新调谐。

在收信机工作频率高、接收信号微弱以及外界干扰众多的情况下，这些缺点显得更为突出。

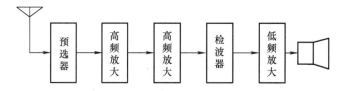

图 3-2　早期短波收信机结构示意图

2. 超外差式收信机

超外差式收信机的电路主要由以下几部分组成：

1）输入回路。输入回路最主要的作用就是选频，把不同频率的电磁波信号中特定频率的电台信号选择并接收下来，送入下一级电路。输入回路一般通过 *LC* 串联谐振对双联可变电容的调节，实现选频及频率同步跟踪。

2）变频电路。变频电路是超外差式收信机中最重要的组成部分，主要作用是将输入电路选出的各个电台信号的载波都变成固定中频，同时保持中频信号与原高频信号包络完全一致。变频电路由本机振荡器和混频器组成。因为中频信号的频率是固定的，所以本机振荡信号的频率始终比接收到的外来信号频率高，这也是得名"超外差"的原因。

3）中频放大电路。又叫中频放大器，其作用是将变频电路送来的中频信号进行放大，一般采用变压器耦合的多级放大器。中频放大器是超外差式收信机的重要组成部分，直接影响着此类收信机的主要性能指标。

4）检波和自动增益控制电路。检波的作用是从中频调幅信号中取出音频信号，常利用二极管来实现。音频信号通过音量控制电位器送往音频放大器，而直流分量与信号强弱成正比，可将其反馈至中频放大器实现自动增益控制（AGC），从而使检波前的放大增益随输入信号的强弱变化而自动增减，以保持输出的相对稳定。

超外差式收信机的中频放大电路采用了固定调谐的电路，这一特点与直放式短波收信机比较起来有如下优点：

1）中频可以选择易于控制的、有利于工作的频率（如 465kHz），以便适合于管子和电路的性质，能够得到较为稳定和最大限度的放大量。

2）各个波段的输入信号都变成了固定的中频，电路将不因外来频率的差异而影响工作，这样各个频带就能够得到均匀的放大。

3）如果外来信号和本机振荡相差不是预定的中频，就不可能进入放大电路。在接收一个需要的信号时，混进来的干扰信号就在变频电路被剔除掉，加之中频放大电路是一个调谐好了的带有滤波性质的电路，所以收信机的灵敏度、选择性等指标都有所提升。

超外差式收信机的缺点是线路比较复杂、晶体管和元件用得较多、成本较贵，同时也存在着一些特殊的干扰，如像频干扰、组合频率干扰和中频干扰等。

上面介绍了两种常见的短波收信机及其包含的主要电路，下面详细介绍短波收信机主要包含的功能模块：母板模块、电源分配模块、主控制器模块、前面板模块、信道模块、频率合成器模块、谐波滤波器模块、功率放大器模块、天调接口模块。以下为上述模块的基本功能。

（1）母板模块

母板模块完成内部各模块间的连接以及和外部的接口。图 3-3 给出了母板模块原理框图。

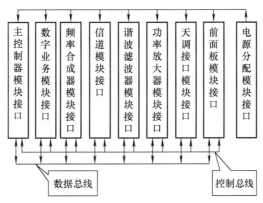

图 3-3 母板模块原理框图

（2）电源分配模块

电源分配模块提供各部件所需的电压。

（3）主控制器模块

主控制器模块主要完成对电台的控制，通过母板模块和其他各模块连接。

（4）前面板模块

前面板模块主要完成人机接口和显示驱动功能，将有关的操作信息送到主控制器模块，并从主控制器模块获得显示内容。

前面板模块的音频部分对接收的音频信号进行放大，以达到足以驱动扬声器和耳机的电平，接收音频从主控制器模块进入前面板模块，通过音量电位器到达扬声器音频开关和耳机放大驱动电路。前面板模块的音频部分将来自传声器的音频信号放大后送到主控制器模块。与前面板传声器相连的插座上，有以下几种类型的信号：

1）耳机音频输出。

2）传声器音频输入。

3）来自传声器的"PTT"信号。

（5）信道模块

信道模块包括收信和激励部分。通过从母板模块数据信号来产生数字信号、收发转换信号，控制信道单元的工作。

在接收端，从天线送来的接收信号经带通滤波器、衰减网络后与一本振信号混频变一次中频信号。一次中频信号经放大、滤波后与二本振信号混频形成二次中频信号。典型信道单元常常采用数字化与模拟信道相结合的方法，二次中频以上的部分模拟和数字相结合，二次中频以下部分全数字化。

在发射端，来自音频处理单元的音频信号，经数字化调制处理后形成的二次中频信号，经放大和低通滤波再放大后，与二本振信号混频，成为一次中频信号。一次中频信号经窄带滤波与一本振信号混频形成的已调制射频信号。已调制的射频信号经可变衰减网络后，进行放大，放大至一定程度后送往功放。

（6）频率合成器模块

频率合成器模块提供两路本振信号，通过从总线接口单元上取得的数据信号控制产生相应的频率。一本振采用 DDS 技术和锁相环相结合的方法，提供一本振的振荡信号；二本振采用传统的锁相环技术，提供固定的二本振信号。

（7）谐波滤波器模块

谐波滤波器模块为到达信道单元的接收信号提供滤波或者为到达天调接口板或天线插座的发射信号提供滤波。

（8）功率放大器模块

功率放大器模块放大来自信道激励板的射频信号。

（9）天调接口模块

天调接口模块完成和天调的接口，实现收、发信机和天调之间的单根电缆传输。天调接口模块可以检测电台射频口的多种状态：是否连接天调、开路/短路、开机后断开天调、开机后接上天调等。

天调接口模块包括高通滤波器、低通滤波器、微电流检测电路、单音驱动和解调电路以及正反向功率检测电路。通过高、低通滤波器实现射频、直流和控制数据的合并和分离，通过微电流检测电路来实时检测天调的连接和断开情况。

3.3　功率放大器

短波功率放大器是整个短波发端系统的核心之一，负责对需要发射的短波信号进行功率放大，提升短波辐射的效率并扩大辐射覆盖范围。发信机主要是将电能转化为电磁波，并将能量以电磁波的形式辐射出去，是一种对能量的转换并增益的过程。

功率放大器的工作就是放大短波信号、增强短波辐射功率，并实现远距离的通信。而从技术的层面来说，功率放大器将激励器传来的射频信号进行放大。来自激励器的射频信号经过射频输入馈送到功率放大器，信号经前置放大器和推动放大器放大后，经放大的各路功率信号在混合式耦合器合并在一起，经保护电路馈送到谐波滤波器。功率放大器主要由前置放大器、推动放大器、功率分配器、高频功率合成器、放大器保护电路、放大器寂静电路这几大部分组成，在运行的过程中这些部分相互配合，共同完成功率放大任务。

在短波通信系统中，采用线性放大器可满足信号无失真传输要求，但效率很低。当采用效率较高的非线性放大器时，又会带来信号失真问题。通常功率放大器失真有两大类：第一类是器件的频率非线性引起的"频率-幅度"和"频率-相位"失真。信号的不同频率分量通过功率放大器时有不同的幅度增益和相位延迟，从而输出端合成信号不同于线性放大信号。这种频率失真并没有产生新的频谱分量，是一种线性失真，对窄带数字通信系统而言影响不大。第二类是由于放大器里的放大器件对不同幅度信号具有不同的传输特性而引起的失真，即不同幅度的信号通过放大器有不同的幅度增益和相位延迟。这种非线性失真，从频谱的角度看，会产生新的频率分量，干扰了有用信号并使放大信号的频谱发生变化，频带展宽。从时域角度看，会使输出信号的包络发生变化，引起波形失真。

为了使用高效率功放提高短波通信系统性能，可采用基带预失真技术在基带完成信号的预处理，实现线性化功率放大。功放预失真基本原理如图 3-4 所示，即预失真器对输入信号进行预先处理，得到的预失真信号再通过功放放大，达到克服功放非线性，使得信号线性放大。

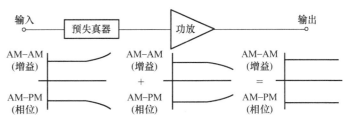

图 3-4　功放预失真基本原理

下面对功放幅度预失真原理进行分析。实际功放的 $G(\cdot)$ 特性不理想，信号经过功放放大后，信号幅度会出现一定程度失真，为达到幅度理想放大的目标，功放幅度预失真基本思想如图 3-5 所示。其中 $P(\cdot)$ 表示理想幅度预失真器特性曲线，使得 $G(P(R_n)) = kR_n$。功放幅度预失真的本质是对输入信号进行非线性压缩，线性化技术仅能给出更"硬"的线性特性，不会增加放大器内在的功率输出能力，也就是在功放饱和点范围内性价比和效率比较高。

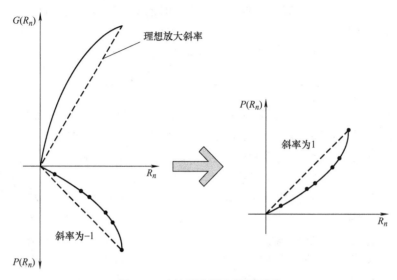

图 3-5　功放幅度预失真原理图

3.4　天馈

天线馈线系统也称为高频馈线系统，是指连接收、发信设备与天线之间的高频传输线。在固定台站中通信馈线比较长，馈线损耗是影响天线效率的重要因素。对它的主要技术要求是传输效率高和天线效应小，即不参与电磁波的辐射和接收。一般要求发信馈线损耗小于1.5dB，收信馈线损耗小于6dB。

高频馈线系统的损耗，包括馈电线本身因辐射、反射和衰减等造成的损耗，还包括天线开关和平衡—不平衡变换器等高频设备引起的介入损耗。天线辐射损耗的大小与馈线形式和匹配情况有关，常用的平衡式馈线，在阻抗匹配或接近匹配时辐射损耗很小以致可以忽略。采用同轴电缆和带屏蔽平衡电缆做馈线时，一般不考虑辐射损耗。当馈线与天线之间的阻抗不匹配时，将产生反射损耗，而且会降低馈线所容许的负载功率，严重时会有发射机输出电路过载、过电压击穿绝缘体的危险。

馈线的衰减损耗等于馈线的衰减常数与其长度的乘积，衰减常数又与工作频率、导体和绝缘体的物理性能和尺寸等参数有关。平衡架空馈电线漏电引起的绝缘损耗不能忽略，特别是在潮湿的天气或当导线上凝结冰霜时，绝缘损耗往往较大，馈线还存在地面损耗，但当架设高度在3.5m以上时一般可以忽略。同轴电缆的衰减损耗比明线馈线大得多，故一般只在机房内部使用或在离天线较近时使用。

高频馈线系统的功率损耗主要是因能量的反射和衰减引起的，为减小其损耗，必须使天线输入阻抗与馈线特性阻抗良好匹配；对于宽频带发射天线，应设法减小天线输入阻抗随频率变化的程度，通常要求它的电压驻波比在工作频率范围内不大于3。按结构形式的不同，最常用的馈线分为双线明线、同轴线和波导三种。

一般情况下，在传输线上总有两个方向的电磁波：一个是发射机向负载传播的电磁波，叫入射波；另一个是由负载反射后向发射机方向传播的电磁波，叫反射波。传输线上任一点的总电压和总电流就是入射波和反射波的叠加。根据入射波是否被反射和反射的程度，传输线有三种工作状态：行波状态、驻波状态及行驻波状态。

（1）行波状态

当负载阻抗等于传输线的特性阻抗（即匹配）时，入射波全部被负载吸收而不反射，此时沿线传播的电磁波被称为行波，传输线工作在行波状态。此时辐射效率最高，是传输线的最佳工作状态。工作在行波状态的传输线称为行波线。无耗行波线上各点电压、电流振幅均相等，同一点上的电压和电流同相，输入阻抗和线上各点的等效阻抗均呈电阻性，并均与馈线的特性阻抗相等。

（2）驻波状态

当传输线末端短路或开路时，入射波全部被反射，反射波和入射波叠加形成驻波。工作于驻波状态的传输线称为驻波线。驻波不随时间沿线朝一个方向前进，不能传输能量。驻波线沿线电压振幅和电流振幅是不等的，最大值称为波腹点，最小值称为波节点。波腹值为入射波振幅的两倍，而波节值为零。除了波腹点和波节点外，线上各点的等效阻抗是纯电抗。在电流波节点，等效阻抗为无穷大；在电流波腹点，等效阻抗为零。

（3）行驻波状态

当负载阻抗为不等于线特性阻抗的纯电阻或复阻抗时，负载只反射部分入射波，使线上既有行波又有驻波，称为行驻波。无损耗线上，行驻波波节点的振幅不为零，波腹点的振幅小于入射波振幅的两倍。除波腹点和波节点外，各点的等效阻抗均为复阻抗。电流波节点和波腹点处的等效阻抗呈电阻性，波节点处最大，波腹点处最小。

3.5　短波数字化技术

3.5.1　软件无线电结构

软件无线电的基本思想是以一个通用、标准、模块化的硬件平台为依托，通过软件编程来实现无线电台的各种功能。软件无线电采用标准的、高性能的开放式总线结构，以利于硬件模块的不断升级和扩展。理想软件无线电的组成结构框图如图 3-6 所示。

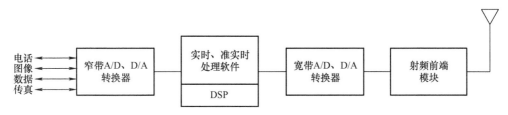

图 3-6　理想软件无线电结构框图

利用软件无线电技术来改变短波通信系统的结构，研究新型的基于软件无线电的数字化短波系统，是现代短波通信一个新趋势。对于短波通信而言，由于系统的工作频率相对较低，降低了对 A/D 电路的性能要求，可以利用现有器件实现 RF 射频信号的数字化，这是实现软件无线电的一大优势。软件无线电技术不仅为新一代短波通信设备提供了最佳的解决方案，并且为短波通信体制的突破发展提供了有利的研究基础。

利用软件无线电思想，采用高速 A/D 和 D/A 转换器以及高速 DSP，可以实现具有开放结构的短波软件无线电，如图 3-7 所示。这个系统主要包括基带通用数字信号处理部分、数字上下变频处理部分、宽带 A/D(D/A) 转换器以及射频前端模块，基带信号处理一般采用通用 DSP 实现，完成比较复杂的信号处理、控制等算法，对于较高速率的数字变频部分，一般采用 FPGA 或专用 ASIC 芯片来实现。

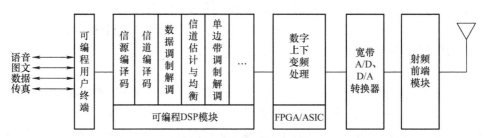

图 3-7　短波软件无线电示意图

软件无线电对硬件平台的技术要求与器件技术发展水平决定着软件无线电系统的实现和发展。就目前而言，将短波系统逐步数字化是合理的选择。在设计新的短波通信系统时，要充分考虑与现有系统技术体制、工作模式等方面的兼容与互通。因此，在实际应用中短波软件无线电的发展过程是，首先实现短波中频数字化，然后实现射频数字化，最终发展为真正意义上的短波软件无线电。

3.5.2　中频数字化

对短波通信系统而言，直接在射频端进行 A/D 转换存在以下难点：一是会影响接收机的选择性和灵敏度指标。一般射频频段内会存在若干强窄带干扰，当所期望的接收信号很弱或相对于干扰有用信号很小时，A/D 转换器需要具备很大的信号动态范围，所以对 ADC 指标要求很高，其实现难度较大。二是数字信号处理器对射频窄带信号进行信道分离解调的难度很大。目前对传统短波电台的数字化改造设计大都保留了电台的射频以及模拟混频环节，在频率相对较低并且固定的中频处进行数字化处理。

短波中频数字化实现结构一般可分为一次中频数字化结构和二次中频数字化结构，为了便于收、发信机共用硬件，通常收、发信机采用相同的中频数字化结构。下面以接收机为例，分析采用中频数字化方法的优点。

1）接收机的基本原理是在短波频段信号中，利用滤波和放大的方法提取有用信号，其中滤波是接收机中最关键的技术。对于频率范围 1.5～30MHz 为载波的有用信号频段，在理想情况下，可以用中心频率可变的带通滤波器直接滤出有用信号，但在短波频段范围内，中心频率可变的窄带带通滤波器在技术上是难以实现的。所以中频数字化结构仍然采用了超外差体制，这样可以用一个中心频率固定的陶瓷、晶体或声表面滤波器，对信号进行滤波，此时滤波器的通带和阻带指标均可以得到保证。

2）模数转换的性能是决定整个数字化接收机的关键技术指标，采用中频数字化接收机方案可以有效保证 A/D 转换的采样性能，同时降低对 ADC 的技术要求。

3）采用中频数字化接收机方案，可以合理分配接收机的多个指标，方便进行综合优化。

图 3-8 给出了短波一次中频数字化信道机实现结构，主要由射频前端、模数采样、数字上下变频、数字基带处理等几部分组成。

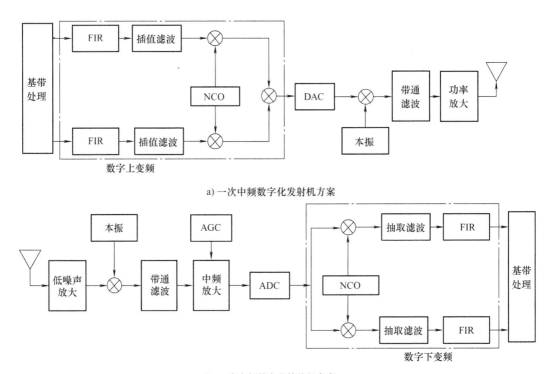

a) 一次中频数字化发射机方案

b) 一次中频数字化接收机方案

图 3-8　短波一次中频数字化信道机实现结构

对于一次中频数字化发射机而言，信号经过基带处理模块，实现各通信业务波形的调制，如单边带（SSB）、双边带（DSB）、调幅（AM）及等幅报（CW）等信号的调制。然后通过数字上变频模块，主要由数控振荡器（NCO）、乘法器、插值滤波器等组成，实现信号的频谱搬移。最后，经过数模转换后与本地载波相乘，经带通滤波以及功率放大后，由天线输出。

对于接收机而言，从天线接收下来的射频信号，经过低噪声放大、混频、带通滤波、抗混叠滤波、模拟 AGC 和中频放大等电路，由 ADC 进行信号模数转换，完成信号的采样。然后经过数字下变频模块实现信号的频谱搬移和抽样速率变换，最后通过基带处理模块完成信号解调。

在一次中频数字化的实现结构中，通常要求中频载频 f_1 要大于短波频段最高频率（30MHz），其典型值为 $f_1 = 70.455\mathrm{MHz}$。这种相对较高的载频便于带通滤波器设计和实现，并且由于 f_1 在短波频段外，本振泄漏对接收信号的干扰较小。

对载波为 $f_1 = 70.455\mathrm{MHz}$ 的中频信号进行 A/D 转换时，若采用奈奎斯特采样，则要求采样率大于 141MHz，需要选用高性能 ADC。而目前采样率满足要求且采样位数大于 14bit 的可选 ADC 很少，并且成本很高。因而通过欠采样降低采样速率，即降低对 ADC 的性能指标要求是一种可行的方法。欠采样不仅会引入镜像信号的混叠，还会引入比低通采样更严重的噪声混叠。通过对一次中频带通滤波器进行优化设计，可以有效地降低混叠干扰，但此时带通滤波器的实现变得较为困难，因此通常采用二次中频方案。

二次中频方案采用二次混频、二次带通滤波和二次中频放大，可以对各级的指标进行合理分配，达到整体指标的优化。在二次中频方案中，通常二次中频小于短波频段最低频率（1.5MHz），其典型值为 $f_2 = 455kHz$，此时可以大幅度降低对 ADC 采样速率的要求。图 3-9 给出了二次中频数字化接收机实现结构。

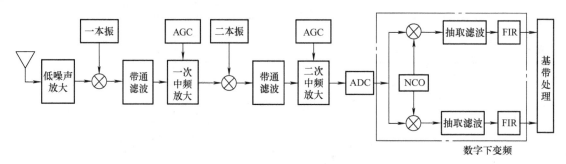

图 3-9 二次中频数字化接收机实现结构

采用多次混频结构有利于射频小信号的选择、放大和滤波，同时对电台的抗阻塞干扰、镜像抑制及边带抑制等性能指标的提高具有明显作用。

3.5.3 射频数字化

随着硬件技术水平不断地提高，软件无线电的实现将从低频段逐步走向高频段。现在高速 A/D 与 D/A 转换技术、DSP 技术较几年前已有长足的发展，软件无线电短波电台的实现成为可能。我们提出了一种基于软件无线电的射频数字化短波收、发信机新方案，该方案将高速 A/D 与 D/A 转换器接入短波电台射频前端，几乎所有的控制、配置与信号处理都由软件来实现，与传统的短波电台以及中频数字化电台相比有一个新的飞跃。

基于软件无线电的射频数字化短波收、发信机原理框图如图 3-10 所示。可以看出，射频数字化短波收、发信机已经非常接近理想的软件无线电短波收、发信机，它们与中频数字化短波电台、传统的短波电台相比都有一个共同显著的特征：高速 A/D、D/A 转换器接入射频前端。

射频数字化短波收发信机与已有的电台相比，它的主要优点体现如下：

1）增强了灵活性与跟踪最新技术的能力。它的工作频率、信号带宽、调制方式、纠错编码、通信协议等都是通过软件来定义的，能够动态地适应传输系统的变化。短波通信新技术不断地涌现，基于软件无线电的射频数字化短波收、发信机为这些新技术的实现提供了一个理想的实验平台。例如，现有的短波电台的传输数据速率一般最高为 2.4kbit/s，这一传输速率越来越不能满足高速数据传输的需要。为了提高数据传输速率，就需要增加短波电台的信道带宽，而现有的短波电台中频晶体滤波器的带宽为 6kHz，且不可变。因此，现有的短波电台是难以通过增加信道带宽、采用相应的调制方式来增加数据传输速率，而射频数字化短波收、发信机的信道带宽是由软件控制的，具有很强的灵活性，为新技术的应用提供了很好的实验平台，一旦成功就可以投入使用。

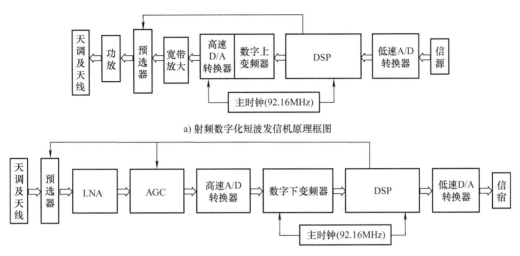

a) 射频数字化短波发信机原理框图

b) 射频数字化短波收信机原理框图

图 3-10 射频数字化短波收、发信机原理框图

2）提高了系统的性能。与现有的短波电台相比，射频数字化收、发信机在边带抑制、载波抑制、带内波动、跳频换频时间等方面的性能都得到了提高，一些性能指标的提高幅度很大。例如，已有电台跳频换频时间一般约为 5ms，若每秒 20 跳，则每一跳驻留时间为 50ms，因此有 1/10 的时间是不能传输数据的，而射频数字化收、发信机的跳频转换时间小于 1us，这是由于采用数字控制振荡器替代了模拟的电压控制振荡器，从而大大降低了换频时间，增大了跳频工作模式下的数据传输速率。

3）降低了成本，减小了体积。射频数字化收、发信机不再需要模拟混频、数字频率合成器、中频带通晶体滤波器、边带晶体滤波器等模块，从而降低了电台的硬件成本；数字部分生产一致性好，在电台中占有的比例大大提高，从而降低了人工费用；新产品的开发更大程度地转移到软件上来，从而降低了新产品的开发费用。因省去了模拟混频、数字频率合成器等模块，使得电台的体积更小。

3.6 系统分层体系架构

国际标准化组织（ISO）于 1981 年推荐了一个网络系统结构：开发系统互连模型，简称 OSI。由于这个网络标准的建立，此后的各个网络标准都向 OSI 看齐。我们将短波通信网络系统参考模型分为四层：物理层、介质访问控制层、网络层和应用层，如图 3-11 所示。

物理层包括无线射频收发、调制解调和编码解码等；介质访问控制层主要定义了数据帧的种类、帧结构、基本的数据收发和应答的方式等；网络层主要负责网络的拓扑结构、路由的建立和更新、消息的转发规则等；应用层则是根据用户功能需求，定义了相关功能的命令、网络维护的方法、路径选择的方法、异常处理的方式等。各个层之间相互配合，各自完成相应的功能。

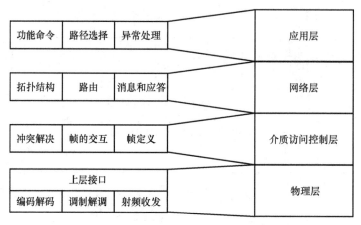

图 3-11　短波通信网络系统参考模型

思考题

1. 短波通信系统通常由哪几部分组成？请画出系统组成示意图。

2. 在实际通信应用中，为何往往要将短波台站收发信设备相互分离？

3. 在大型短波固定台站系统中，集中控制台由哪两部分组成？在系统中承担着怎样的作用？

4. 短波电台收发信机采用模块化设计，共分为哪些模块？简述其中任意三种模块的作用。

5. 在实际通信应用中，对发信天线馈线有哪些基本要求？

6. 以接收机为例，简述中频数字化方法的优点。

7. 射频数字化短波收发信机与已有的电台相比，具有哪些优点？

第4章

多载波并行数据传输技术

04

4.1 概述

短波信道是一个典型的多径衰落信道,对短波数据传输有着直接的影响,主要体现在以下几点:

1) 多径时延特性使信道上传输的符号产生码间串扰,限制了数据速率的提高。

2) 多径衰落特性使信号幅度变小,甚至完全消失,导致数据传输产生突发错误。

3) 多普勒效应使接收信号呈现或快或慢的衰落,频谱发生偏移,造成数据接收错误。

上述因素对短波数据传输的设计提出了很高的要求,必须采取相应对策和措施,提高实际数据传输效果。

多载波并行传输技术是第一种短波高速数据传输体制,基本思想是将高速数据流分为多个低速数据流,分别在多个正交的子载波上并行传输,在3kHz带宽内数据速率达到2400bit/s。一方面每个子载波上传输低速数据,意味着延长了符号周期,降低了多径对信号接收的影响;另一方面通过加循环前缀,避免了符号间串扰,保留了子载波间的正交性。从现代数字通信角度看,多载波并行波形实际上属于正交频分复用(OFDM)技术,在频域上进行设计,也称为多音并行。

1984年,美国Harris公司将多载波并行传输技术用于实际短波通信,推出了第一款短波并行高速调制解调器RF-3466,被世界上广泛使用。该Modem采用Reed-Solomon编码、交织和差分相位调制,在3kHz带宽内设置39个正交子载波,并引入快速傅立叶变换及其逆变换(FFT、IFFT),实现子载波信号的合路与分路,降低了算法实现复杂度,数据速率为75~2400bit/s。

1991年,美军颁布了短波调制解调器标准MIL-STD-188-110A(以下简称110A),其附录A为16单音并行波形,附录B以RF-3466 Modem为基础,定义了39单音并行波形,成为最具代表性的短波多载波数据传输体制。

4.2 并行传输波形

图 4-1 给出了短波多载波并行波形的调制解调结构，发送端利用前后帧的同一子载波的差分相位携带数据信息，IFFT 运算后增加循环前缀（CP）用于多径保护；接收端按照数据帧格式，通过 FFT 进行解调。

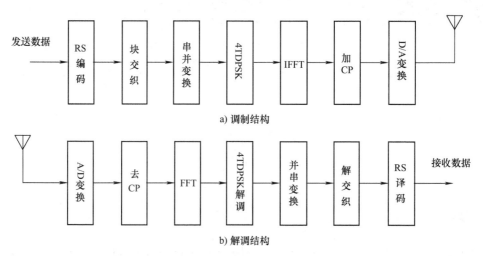

a) 调制结构

b) 解调结构

图 4-1 短波多载波并行波形结构

1. 编码交织调制方式

并行波形编码采用截短 Reed-Solomon（RS）码，原始码字为 GF（2^4）的 RS(15，11) 码，原多项式为 $f(x) = x^4 + x + 1$，生成多项式为 $g(x) = x^4 + \alpha^{13} x^3 + \alpha^6 x^2 + \alpha^3 x + \alpha^{10}$。当速率为 2400bit/s 时截短为 RS（14，10）码，1200 ~ 75bit/s 速率下截短为 RS（7，3）码。

交织方式采用 RS 码基础上的块交织，表 4-1 给出了速率与交织度的关系。当速率为 2400bit/s 时，交织阵大小有 8 种，包括 1 ~ 288 个 RS 码字，其他速率采用 4 种交织度。

表 4-1 并行波形速率与交织度的关系

速率/bit·s^{-1}	75	150	300	600	1200	2400	
交织度	1	1	1	1	1	1	36
	4	9	17	33	63	9	72
	12	25	47	99	189	18	144
	36	81	153	297	567	27	288

编码交织后的 RS 码字转化为比特后，利用前后子载波进行 4TDPSK 调制，即时域上差分，每个子载波可携带 2bit 信息，星座映射采用格雷映射关系。

2. 子载波配置与数据传输格式

并行波形实际占用带宽为 300 ~ 3000Hz，频率配置如图 4-2 所示。子载波频率间隔为 56.25Hz，第 7 个子载波为多普勒音，用于频偏同步跟踪和校正，频率 $f_7 = 393.75Hz$；第 12 ~ 50 个子载波为数据音，频率为 $f_{12} = 675Hz$，…，$f_{50} = 2812.5Hz$，共 39 个音。

并行波形数据传输格式如图 4-3 所示，由同步头、参考帧及数据帧构成，以帧为单位进行传输，每帧时间长度为 22.5ms，其中循环前缀占 4.72ms，数据信号占用 17.78ms，帧速率为 44.44 帧/s。

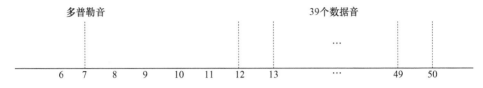

图 4-2　并行波形频率配置图

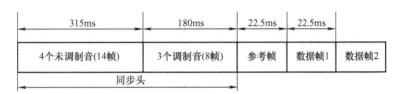

图 4-3　并行波形数据传输格式

同步头包括两部分，首先发送 14 帧 4 个等幅未调制单音信号，用于信号检测和载波同步，频率为 $f_{14} = 787.5$Hz、$f_{26} = 1462.5$Hz、$f_{38} = 2137.5$Hz、$f_{50} = 2812.5$Hz，前后帧间相位保持连续，共计 315ms。然后发送 8 帧 3 个等幅调制数据音信号，用于建立帧同步，频率为 $f_{20} = 1125$Hz、$f_{32} = 1800$Hz、$f_{44} = 2475$Hz，前后帧相位 180° 反转，共计 180ms。参考帧用于获取数据帧解调所需的起始参考相位，由 39 个数据音和多普勒音组成，发送 1 帧。数据帧用于传输比特信息，每帧 39 个数据音，可携带 78bit。

多载波并行波形基本参数如下：

技术体制：39 音并行，频率间隔 56.25Hz。

信号带宽：300～3000Hz。

数据速率：75bit/s、150bit/s、300bit/s、600bit/s、1200bit/s、2400bit/s。

编码：2400bit/s 采用 GF(2^4) RS(14，10) 码，其他为 RS(7，3) 码。

调制：2400bit/s/1200bit/s 采用 4TDPSK 调制；其他采用 2TDPSK 调制。采用 IFFT 变换完成多载波信号合路。

解调：采用 FFT 变换完成多载波信号分路，4TDPSK 差分解调。

分集：1200bit/s 时，频率 f_{12}～f_{18} 与 f_{44}～f_{50} 2 重频率分集；

　　　300bit/s 时，2 重时间分集；

　　　150bit/s 时，4 重时间分集；

　　　75bit/s 时，8 重时间分集。

4.3　并行接收技术

4.3.1　信号检测

1. 频率分集和时间分集相结合的频谱能量检测

在 39 音并行数据传输中，专门有 14 帧 4 音用于信号检测，4 音之间的频率间隔为 675Hz，实际上，可以看作联合的 4 重频率分集信号。

对 4 音帧进行信号存在性检测的方法有很多种，主要有时域检测、频域检测和时频域联合检测三大类，从本质来讲都是从能量角度对信号存在性进行检测。由于后续的数据解调采用基于 FFT 变换的方法，对 4 音帧的存在性检测在频域完成更为合理。

信号存在检测部分的 4 音信号为连续相位调制，所以在同步帧持续的 315ms 时间内截取的任意 128 点均为周期信号，可以通过 128 点 FFT 变换，在频域上精确分析 4 音信号的存在。当采样频率为 7200Hz 时，128 点 FFT 对应的信号累积时间为 17.78ms。

能量累积时间直接决定了信号检测的性能。在时不变信道条件下，一般要求能量累积时间尽可能长，从而提高信号检测的性能。随着能量累积时间的增长，可以采用阶数更高的 FFT 变换，使得频谱分辨率更加精细，谱线能量估计更准确。

在通信系统中，一般要求信号检测性能优于数据解调性能 3dB 以上。尽管短波信道是时变信道，但其快衰落速率典型值为 5Hz/s，在 256 点 FFT 对应的 35.56ms 内，其参数可近似不变。考虑以上因素，可以将信号累积时间延长一倍，即采用 256 点 FFT 对信号进行分析。需要注意的是，采用 256 点 FFT 变换后，4 音信号对应的谱线序号为原谱线的两倍，分别用 $f_{14 \times 2}$、$f_{26 \times 2}$、$f_{38 \times 2}$、$f_{50 \times 2}$ 表示。

以上信号存在性检测可归纳为：4 重频率分集，大于等于 8 重时间分集的基于 256 点 FFT 变换的频谱能量检测。

2. 基于谱线相对位置的自适应门限信号检测

信号存在性检测可采用固定门限和自适应门限等方法。所谓固定门限是指：通过大量试验结果，选择一个固定能量门限值 K，根据信号谱线能量是否大于 K，判别信号是否存在。这种方法存在以下问题：

1）选取合适的 K 值困难，需要考虑短波信道出现的各种情况。

2）当信号功率过小或噪声功率过大时会影响检测性能。

3）当存在大的频偏时，会导致信号谱线移位，使得检测性能大大下降。

为了解决上述问题，在多载波并行数据传输中，可以采用一种基于自适应门限的高分辨率 FFT 变换频谱能量检测方法，其基本步骤如下：

1）选定信号谱线作为测量对象。以 7200Hz 对接收信号进行采样，采用 256 点 FFT 变换时对应的谱线分辨率为 7200Hz/256 = 28.125Hz。系统的最大频偏误差是 ±75Hz，则频偏范围为 150Hz，覆盖 5 根谱线。因此，需测量标准信号谱线及左右偏移两根的谱线，从这 5 根谱线中取最大值作为信号检测音的谱线能量。对于 4 音帧对应的谱线 $f_{14 \times 2}$、$f_{26 \times 2}$、$f_{38 \times 2}$、$f_{50 \times 2}$，在存在频偏的情况下，将其能量最大值记为 $\max(\hat{f}_{14 \times 2})$、$\max(\hat{f}_{26 \times 2})$、$\max(\hat{f}_{38 \times 2})$ 和 $\max(\hat{f}_{50 \times 2})$，对应的位置估计值记为 $\max\_addr(\hat{f}_{14 \times 2})$、$\max\_addr(\hat{f}_{26 \times 2})$，$\max\_addr(\hat{f}_{38 \times 2})$ 和 $\max\_addr(\hat{f}_{50 \times 2})$。对每个检测单音对应的 5 根谱线能量进行求和，记为 $\sum power(\hat{f}_{14 \times 2})$、$\sum power(\hat{f}_{26 \times 2})$、$\sum power(\hat{f}_{38 \times 2})$、$\sum power(\hat{f}_{50 \times 2})$。

2）选定噪声谱线作为相对门限的比较对象。为使噪声谱线和信号最大值谱线的间距最大，根据 $f_{14 \times 2}$、$f_{26 \times 2}$、$f_{38 \times 2}$、$f_{50 \times 2}$ 信号谱线的实际位置估计值 $\max\_addr(\hat{f}_{14 \times 2})$、$\max\_addr(\hat{f}_{26 \times 2})$、$\max\_addr(\hat{f}_{38 \times 2})$、$\max\_addr(\hat{f}_{50 \times 2})$，动态选取 $addr(\hat{f}_{20 \times 2})$、$addr(\hat{f}_{32 \times 2})$、$addr$

（$\hat{f}_{44\times2}$）谱线作为噪声谱线。分别对噪声谱线及其左右两根谱线共 5 根谱线能量进行求和记为 $\sum power(\hat{f}_{20\times2})$、$\sum power(\hat{f}_{32\times2})$、$\sum power(\hat{f}_{44\times2})$。

3）计算信噪比，得到自适应门限的表示式为

$$SNR(n) = \frac{\sum power(\hat{f}_{14\times2}) + \sum power(\hat{f}_{26\times2}) + \sum power(\hat{f}_{38\times2}) + \sum power(\hat{f}_{50\times2})}{\sum power(\hat{f}_{20\times2}) + \sum power(\hat{f}_{32\times2}) + \sum power(\hat{f}_{44\times2})} \quad (4-1)$$

4）统计分析最近 8 次样本的信噪比和最大值谱线间距值完成信号检测。

上述基于自适应门限的高分辨率 FFT 变换频谱能量检测，通过频率分集对抗信道频率选择性衰落；通过时间分集对抗时间选择性衰落；通过延长信号累积时间，采用高分辨率的 FFT 变换提高系统抗加性高斯白噪声（AWGN）干扰的性能；通过扩展的信号谱线测量，降低系统频偏对信号检测的影响；通过有效的信噪比测量方法提高对复杂信道的适应能力。

4.3.2　数据调制和解调原理

1. IFFT 变换的多载波信号合路数据调制结构

图 4-4 给出了基于 IFFT 变换的多载波信号合路数据调制结构。在发送端，首先发送 14 帧相位连续的 4 音帧信号，用于收端进行信号存在检测和多普勒频偏估计；随后，发送 8 帧用于同步建立的 3 音帧信号，前后帧的相位反转；之后，发送 1 帧差分解调参考相位帧；最后，发送经过 RS 编码和交织的用户数据。用户数据由 39 音数据帧携带，前后帧间采用 4TDPSK 调制，在数据传输阶段需要同时发送多普勒音。由组帧控制按次序发送不同的信号帧，并通过基于 IFFT 的多音并行调制得到实际的信道传输信号。为了提高性能，在发送前需进行最优峰平比调整。

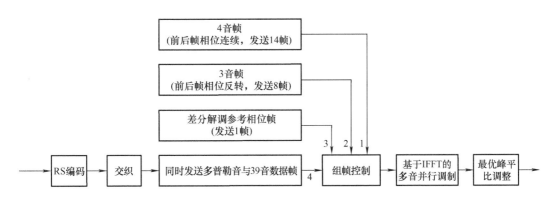

图 4-4　基于 IFFT 变换的多载波信号合路数据调制结构

2. 多径保护循环前缀信号帧构造

在信号合路过程中，由 IFFT 变换得到 128 点实数序列，而每帧 22.5ms 时间对应的采样点数为 162 点，因此将本帧的前 34 点移位合并到本帧最后，可得到用于多径保护的循环前缀，通过这种拼接，构造得到由 162 点组成的传输帧，如图 4-5 所示。由于各子载波在 128 点内是周期信号，所以在拼接处是相位连续的，只有在帧与帧之间才可能出现相位突变。

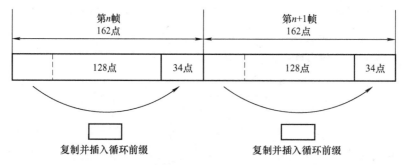

图 4-5   多径保护循环前缀信号帧构造

3. 基于 FFT 变换的多载波信号分路数据解调结构

图 4-6 给出了基于 FFT 变换的多载波信号分路数据解调结构。接收信号在通过 AGC 调整信号幅度后,送入希尔伯特变换模块,得到复数形式的解析信号。帧同步跟踪模块除了为帧同步调整模块提供具体的调整信息外,同时还提供参考相位调整信息。频偏校正分为两个部分:一是同步捕获,在信号检测和初始载波同步时,提供大范围的频偏校正;二是同步跟踪,在数据解调过程中,受频率跟踪模块的控制,对频率偏移进行小范围的跟踪。

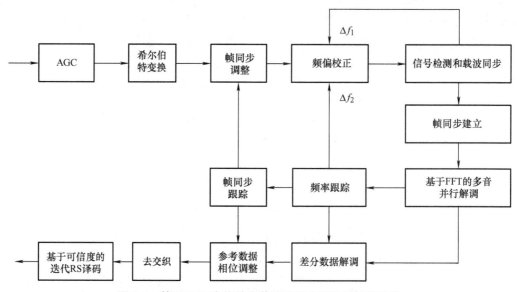

图 4-6   基于 FFT 变换的多载波信号分路数据解调结构

4.4   RS 编译码原理

4.4.1   RS 编码原理

在有限域 GF(16) 上,本原多项式为 $f(x) = x^4 + x^3 + 1$,该有限域上各元素与 16 进制数间的对应关系见表 4-2,其中从有限域元素到 16 进制数的对应关系表示为 alpha_to(x),而 16 进制数到有限域元素的对应关系表示为 index_of(x)。

表 4-2　有限域元素与 16 进制数映射表

alpha_to（x）		index_of（x）	
α^j	16 进制数	16 进制数	α^j
		0	-1
0	1	1	0
1	2	2	1
2	4	3	4
3	8	4	2
4	3	5	8
5	6	6	5
6	C	7	10
7	B	8	3
8	5	9	14
9	A	A	9
10	7	B	7
11	E	C	6
12	F	D	13
13	D	E	11
14	9	F	12
15	0		

1. 生成多项式系数展开方法

一般地，RS 码的生成多项式可表示为

$$g(x) = (x + \alpha^{m_0})(x + \alpha^{m_0 + 1})\cdots(x + \alpha^{m_0 + 2t}) \tag{4-2}$$

式中，t 为 RS 码纠错个数。在进行编码运算时，需要得到具体多项式系数。

以 $m_0 = 1$，$2t + 1 = 5$ 的 RS（15，11，5）码为例，其生成多项式为

$$g(x) = (x + \alpha)(x + \alpha^2)(x + \alpha^3)(x + \alpha^4) \tag{4-3}$$

利用上面的算法可以计算得到，$g(0) = 10$，$g(1) = 3$，$g(2) = 6$，$g(3) = 13$，$g(4) = 1$，即其生成多项式为

$$g(x) = x^4 + \alpha^{13}x^3 + \alpha^6 x^2 + \alpha^3 x + \alpha^{10} \tag{4-4}$$

2. RS 编码实现

RS 编码实现框图如图 4-7 所示，其中 $g_0 \sim g_4$ 为生成多项式的系数。当编码输出信息元时，S_1 闭合，S_2 处于信息元位置；当编码输出监督元时，S_1 打开，S_2 处于监督元位置，依次

输出 S_{r-1} 到 S_0。

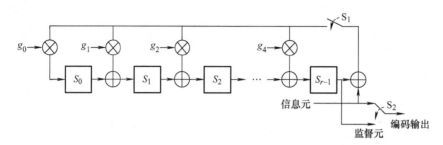

图 4-7   RS 编码实现框图

以 RS(15，11，5) 信息元和监督元为 16 进制符号，用 4bit 表示，介于 0，1，2，…，9，A，B，C，D，E，F 之间，编码输出如下，其中 $h(0) \sim h(3)$ 为监督元。

$h(0)$	$h(1)$	$h(2)$	$h(3)$	$k(0)$	$k(1)$	$k(2)$	$k(3)$	$k(4)$	$k(5)$	$k(6)$	$k(7)$	$k(8)$	$k(9)$	$k(10)$
1	C	2	9	0	1	2	3	4	5	6	7	8	9	A

4.4.2   RS 译码原理和实现

1. RS 译码的基本原理

令传输码字为 $C(X) = c_0 + c_1 X + \cdots c_{n-1} X^{n-1}$，对应的接收多项式为 $R(X) = r_0 + r_1 X + \cdots + r_{n-1} X^{n-1}$，则信道引入的错误可用下面的错误多项式表示：

$$E(X) = R(X) - C(X) = e_0 + e_1 X + \cdots + e_{n-1} X^{n-1} \tag{4-5}$$

由伴随式 S 的定义可知：

$$S^T = HR^T = H(UG + E)^T = HG^T U^T + HE^T = HE^T \tag{4-6}$$

由式（4-6）可以看出伴随式 S 和实际传输的信息元 U 无关，仅和信道引入的错误有关。伴随式也可以用 $2t$ 个方程组的方式表示，即

$$S_i = C(\alpha^{m_0+i}) + E(\alpha^{m_0+i})，\quad i = 1,2,\cdots,2t \tag{4-7}$$

其中，由编码特性可以得到 $C(\alpha^{m_0+i}) = 0$，则

$$S_i = E(\alpha^{m_0+i})，\quad i = 1,2,\cdots,2t \tag{4-8}$$

在可以正确译码的情况下，$S_i = E(\alpha^{m_0+i})$ 中大部分值为 0，只存在零散的非零值。

现令 t 个错误的位置为

$$x_1 = \alpha^{i_1}, x_2 = \alpha^{i_2}, \cdots, x_t = \alpha^{i_t} \quad i_x \in [0, n-1] \tag{4-9}$$

每个错误位置上对应的错误值为

$$Y_1 = \alpha^{j_1}, Y_2 = \alpha^{j_2}, \cdots, Y_t = \alpha^{j_t} \quad j_x \in [0, n-1] \tag{4-10}$$

则伴随式 S 可简化为

$$\begin{bmatrix} Y_1 x_1^{m_0} & Y_2 x_2^{m_0} & \cdots & Y_t x_t^{m_0} \\ Y_1 x_1^{m_0+1} & Y_2 x_2^{m_0+1} & \cdots & Y_t x_t^{m_0+1} \\ \vdots & \vdots & & \vdots \\ Y_1 x_1^{m_0+2t-1} & Y_2 x_2^{m_0+2t-1} & \cdots & Y_t x_t^{m_0+2t-1} \end{bmatrix} = \begin{bmatrix} S_{m_0} \\ S_{m_0+1} \\ \vdots \\ S_{m_0+2t-1} \end{bmatrix} \tag{4-11}$$

对上面的 $2t$ 个方程进行求解，可以求得 t 个错误位置和 t 个错误值。由于直接求解上述方程组比较困难，一般采取分步骤处理方法。

对于 RS 码，全零码总是其中的一个码字。因此，在译码程序调试中，一种简单可行的方法是针对全零码设置小于等于 t 个非零值错误，测试译码程序能否将 t 个错误全部纠正。这样不仅可以方便调试，而且可以隔离编码过程和译码过程。

设定 R 为全零码，现假定有 t 个错，并且取 $m_0 = 1$。对于 RS（14，10，5）截短码，可以纠正两个错误。设接收码字为

$$R_{14} = (0,0,0,0,6,0,D,0,0,0,0,0,0,0) \tag{4-12}$$

首先对其进行填充，得到的 RS（15，11，5）码为

$$R_{15} = (0,0,0,0,6,0,D,0,0,0,0,0,0,0,0) \tag{4-13}$$

下面以此为例，按步骤分析译码过程。

2. 计算伴随式

由伴随式定义得到：$S^T = HR^T$。计算伴随式可采用下面的算法，其中 alpha_to(x) 和 index_of(x) 的取值见表 4-2。

当 $m_0 = 1$，接收码字为 $R_{15} = (0, 0, 0, 0, 6, 0, D, 0, 0, 0, 0, 0, 0, 0, 0)$ 时，其伴随式为

$$S_1 = \alpha^{14}, S_2 = \alpha^9, S_3 = \alpha^5, S_4 = \alpha^{10} \tag{4-14}$$

3. 求解错误位置多项式

现引入错误多项式 $\sigma(x) = (1 - x_1 x)(1 - x_2 x) \cdots (1 - x_t x) = 1 + \sigma_1 x + \cdots \sigma_t x^t$，该多项式的 t 个根 x_1^{-1}，x_2^{-1}，$\cdots$，x_t^{-1} 为错误位置的倒数。令 x_k 为接收码字中的错误位置，则有

$$\sigma(x_k^{-1}) = 1 + \sigma_1 x_k^{-1} + \cdots + \sigma_t x_k^{-t} = 0 \quad k = 1, 2, \cdots, t \tag{4-15}$$

将上式的两边同时乘以 $Y_k x_k^{t+j}$，得到

$$Y_k x_k^{j+t} + \sigma_1 Y_k x_k^{j+t-1} + \cdots + \sigma_t Y_k x_k^j = 0 \tag{4-16}$$

其中，$k = 1, 2, \cdots, t$，$j = m_0, m_0 + 1, \cdots, m_0 + t - 1$。下面对 k 求和，得到

$$\sum_{k=1}^{t} Y_k x_k^{j+t} + \sigma_1 \sum_{k=1}^{t} Y_k x_k^{j+t-1} + \cdots + \sigma_t \sum_{k=1}^{t} Y_k x_k^j = 0 \tag{4-17}$$

仔细分析上式，可以得到

$$S_{j+t} = \sum_{k=1}^{t} Y_k x_k^{j+t}, S_{j+t-1} = \sum_{k=1}^{t} Y_k x_k^{j+t-1}, \cdots, S_j = \sum_{k=1}^{t} Y_k x_k^j \tag{4-18}$$

即

$$S_{j+t} + \sigma_1 S_{j+t-1} + \sigma_2 S_{j+t-2} + \cdots + \sigma_t S_j = 0 \tag{4-19}$$

其中，$j = m_0, m_0 + 1, \cdots, m_0 + t - 1$。

式（4-19）展开后可得到

$$\begin{bmatrix} S_{m_0+t-1} & S_{m_0+t-2} & \cdots & S_{m_0} \\ S_{m_0+t} & S_{m_0+t-1} & \cdots & S_{m_0+1} \\ \vdots & \vdots & & \vdots \\ S_{m_0+2t-2} & S_{m_0+2t-3} & \cdots & S_{m_0+t-1} \end{bmatrix} \begin{bmatrix} \sigma_1 \\ \sigma_2 \\ \vdots \\ \sigma_t \end{bmatrix} = \begin{bmatrix} S_{m_0+t} \\ S_{m_0+t+1} \\ \vdots \\ S_{m_0+2t-1} \end{bmatrix} \tag{4-20}$$

通过上面的 $2t$ 个方程组，可以求解错误位置多项式 $\sigma(x)$ 的 t 个系数。在实际中，常采用 Berlekamp-Massey 迭代算法，快速求解多项式 $\sigma(x)$。

对于 t 值较小的情况也可以直接对以上方程组进行求解，对 RS(14, 10, 5) 截短码，当 $t=2$ 时，具体求解方法如下

$$\begin{bmatrix} S_2 & S_1 \\ S_3 & S_2 \end{bmatrix}\begin{bmatrix} \sigma_1 \\ \sigma_2 \end{bmatrix} = \begin{bmatrix} S_3 \\ S_4 \end{bmatrix} \tag{4-21}$$

若 $\begin{bmatrix} S_2 & S_1 \\ S_3 & S_2 \end{bmatrix}\neq 0$，则意味着接收码字中存在两个错，要求解两个错误位置 σ_1 和 σ_2，得到错误位置多项式 $\sigma(x) = 1 + \sigma_1 x + \sigma_2 x^2$。

根据接收码字，可以求得：$S_1 = \alpha^{14}$，$S_2 = \alpha^9$，$S_3 = \alpha^5$，$S_4 = \alpha^{10}$，则

$$\begin{bmatrix} \alpha^9 & \alpha^{14} \\ \alpha^5 & \alpha^9 \end{bmatrix}\begin{bmatrix} \sigma_1 \\ \sigma_2 \end{bmatrix} = \begin{bmatrix} \alpha^5 \\ \alpha^{10} \end{bmatrix} \tag{4-22}$$

由于 $\begin{bmatrix} S_2 & S_1 \\ S_3 & S_2 \end{bmatrix} = \begin{bmatrix} \alpha^9 & \alpha^{14} \\ \alpha^5 & \alpha^9 \end{bmatrix} = \alpha^{18} + \alpha^{19} = \alpha^3 + \alpha^4 = \alpha^7 \neq 0$，则接收码字中包含两个错误。

通过求解得到

$$\sigma_1 = \alpha^{12}, \sigma_2 = \alpha^{10} \tag{4-23}$$

则错误位置多项式为

$$\sigma(x) = 1 + \alpha^{12}x + \alpha^{10}x^2$$

若 $\begin{bmatrix} S_2 & S_1 \\ S_3 & S_2 \end{bmatrix} = 0$，则接收码字中的错误小于 2，可以利用 $S_1\sigma_1 = S_2$ 求解 σ_1，此时 $\sigma_2 = 0$。

4. 求解错误位置多项式的根

求解错误多项式 $\sigma(x)$ 的根可用 Chien 搜索。对于码长为 n 的码字，其可能错误位置为 $0，1，\cdots，n-1$，对应 $\sigma(x)$ 的根为 $\alpha^{n-1}，\alpha^{n-2}，\cdots，\alpha^0$。

令 $\sigma(x) = 1 + \alpha^{12}x + \alpha^{10}x^2 = 0$，通过 Chien 搜索，可以得到根为 $\beta_1 = \alpha^9$ 和 $\beta_2 = \alpha^{11}$，对应的错误位置为 $x_1 = \alpha^{n-9} = \alpha^6$ 和 $x_2 = \alpha^{n-11} = \alpha^4$，即在 6 和 4 处出错。显然通过 Chien 搜索正确地找到了错误位置。

5. 纠正错误位置的错误

在找到错误位置后，对于多进制码还需要确定该错误位置上的差错值。利用下面的方程组可以求得错误值。

$$\begin{bmatrix} x_1^{m_0} & x_2^{m_0} & \cdots & x_t^{m_0} \\ x_1^{m_0+1} & x_2^{m_0+1} & \cdots & x_t^{m_0+1} \\ \vdots & \vdots & & \vdots \\ x_1^t & x_2^t & \cdots & x_t^t \end{bmatrix}\begin{bmatrix} Y_1 \\ Y_2 \\ \vdots \\ Y_t \end{bmatrix} = \begin{bmatrix} S_1^{m_0} \\ S_2^{m_0} \\ \vdots \\ S_t^{m_0} \end{bmatrix} \tag{4-24}$$

$[x]$ 矩阵是范德蒙矩阵，只有当 $x_1 \neq x_2 \neq \cdots \neq x_t$，且不为 0 时，式(4-24) 有解。

对应上面的例子，所需求解的方程组为

$$\begin{bmatrix} x_1 & x_2 \\ x_1^2 & x_2^2 \end{bmatrix} \begin{bmatrix} Y_1 \\ Y_2 \end{bmatrix} = \begin{bmatrix} S_1 \\ S_2 \end{bmatrix} \tag{4-25}$$

代入错误位置值，可以得到

$$\begin{bmatrix} \alpha^6 & \alpha^4 \\ (\alpha^6)^2 & (\alpha^4)^2 \end{bmatrix} \begin{bmatrix} Y_1 \\ Y_2 \end{bmatrix} = \begin{bmatrix} \alpha^{11} \\ \alpha^9 \end{bmatrix} \tag{4-26}$$

对上面的方程组求解，可得到错误值 $Y_1 = \alpha^{13}$ 和 $Y_2 = \alpha^5$，即在位置 6 处的错误值为 α^{13}，对应 16 进制数为 D；而位置 4 处的错误值为 α^5，对应 16 进制数为 6。此时的译码输出为全零码，从而完成了整个译码过程。

思考题

1. 多载波并行数据传输的基本思想是什么？
2. 多载波并行数据传输是如何克服多径的？
3. 美军标的短波并行传输体制一共使用了多少个单音？每个单音的作用分别是什么？
4. 多载波并行传输体制能克服多大的多径延时？请给出计算过程。
5. 并行传输体制中，循环前缀的作用是什么？
6. Harris 公司推出的短波高速调制解调器 RF – 3466 的速率是多少？是如何得到的？
7. 短波并行数据传输中是如何实现信号检测的？
8. 简述 RS 编码和译码的主要过程。

第5章

单载波串行数据传输技术

05

5.1 概述

多载波并行传输通过多路正交子载波并行传输低速数据，来提高总的数据传输速率，循环前缀的设计有利于克服多径影响，长符号周期有利于接收端累积能量。从设计上看，多载波并行波形可视为一种"被动"适应短波信道的技术体制，在实际通信中，由于波形信号是多路子载波叠加，峰平比较高，经过发射机功放后，实际辐射的平均功率有限，极大地影响接收信号电平大小。

20 世纪 80 年代，美国 Harris 公司开始着手研究短波串行传输技术，率先开发出了性能更好的单载波串行波形，在 3kHz 带宽内实现了 75 ~ 2400bit/s 数据传输。该波形从时域上进行设计，采用卷积编码、交织和 PSK 调制，交替发送训练和未知数据，接收端通过信道估计和均衡技术来克服多径衰落影响。此外，通过时间分集技术，实现低速率匹配，提高接收性能。单载波串行波形可视为一种"主动"适应短波信道的技术体制，是目前最具代表性的短波数据传输体制。

1991 年颁布的美军标 110A 正是以单载波串行波形为主体内容，串行波形也是北约标准 S4285 的重要组成部分。2000 年，美军发布 MIL - STD - 188 - 110B 标准，在 110A 基础上，增加 3200 ~ 12800bit/s 高速波形作为附录 C，该波形也形成了北约标准 S4539，附录 D/E 中加入北约标准 S5066，附录 F 中定义了多信道传输规范。典型短波串行调制解调器有美国 Rockwell Collins 公司的 MDM - 3001、MDM - Q9604 以及美国 RapidM 公司的 RM6 等。此外，在美国 MathWorks 公司发布的 2010 版 MATLAB 软件中，110B 串行波形作为通信工具箱演示模块，具备 150 ~ 1200bit/s 调制解调功能。

为了进一步提高短波数据传输的性能，美国 Harris、Rockwell Collins 等公司从 2007 年开始研究短波宽带通信，依托短波工业联合会（HFIA）定期组织会议进行探讨。2011 年美军颁布的 MIL - STD - 188 - 141C 标准中，补充了 6 ~ 24kHz 宽带信号描述；同年 9 月颁布 MIL - STD - 188 - 110C 标准，对 110B 进行修订，以单载波串行技术为基础，设计了短波系列化宽带波形，并作为附录 D，同时对传统 3kHz 串行波形也进行了优化和性能提升。2017 年 9 月，美军颁布 MTL－STD－188－110D 标准，进一步增加了 30136142148kHz 宽带波形。在整个短波通信技术发展过程中，美国学者 Eric E. Johnson 是一个标志性人物，牵头制定了 141B/141C、110B/110C/110D 等系列标准。

5.2　串行传输波形

下面以美军标 110B 和 110C 为例，对 3kHz 单载波串行波形进行分析和介绍。

图 5-1 给出了短波单载波串行波形的调制解调结构，美军标 110B 和 110C 串行波形设计思路基本相同，只是在带宽、编码、交织和调制等参数细节上略有差异。与多载波并行波形相比，串行波形主要特征是数据调制符号以串行方式，通过单个载波调制后进行传输，故称为单载波串行。

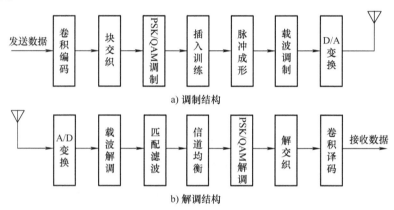

图 5-1　短波单载波串行波形调制解调结构

5.2.1　波形格式

1. 编码交织

110B 串行波形采用（2，1，7）卷积码，为了提高编译码性能，110C 还采用（2，1，9）卷积码，编码器结构如图 5-2 所示。通过交替输出上下编码支路，或者不对等输出进行打孔，可得到 1/2、2/3、3/4 等一系列码率；此外通过重复发送编码比特，能够获得更低的码率，如 1/3、1/4、1/8，这相当于采用时间分集来匹配低数据速率。

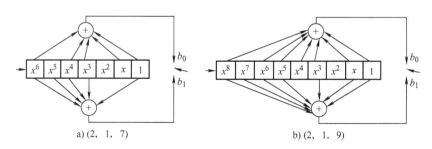

图 5-2　110B/110C 卷积编码器结构

美军标串行波形采用块交织方式，110B 设计了短、长两种交织，时间为 0.6s 和 4.8s；110C 设计了四种交织，时间分别为 0.16s、0.64s、2.56s、10.24s，随着速率的不同，相同时间的交织器容量也不同。在波形发送中，通常使用两个容量相同的交织器，通过乒乓方式，在对某一交织器写入数据的同时，从另一个交织器中读取已交织数据。

表 5-1 给出了 110B 交织器的行列大小，以 150 ~ 2400bit/s 为例，交织写入时，从第 0 列开始，第 n 个比特写入行数为 $9(n-1)$ 模 40，直到所有 40 行写完，再按顺序对下一列写入数据，直到整个交织阵全部写满；交织读取时，从第 0 行、第 0 列开始，行数加 1，列数减 17 后模总列数，当行值达到最大后，再将行值置为 0，列值为上次行值为 0 时的列值加 1，直到交织阵所有值均被取出。110C 中交织设计更简洁，整个交织器可视为 1 行多列，直接对列操作，写入列数按照先增量再模总列数的方式，读取时从第 0 列到最后一列顺序进行。

表 5-1　110B 数据速率与交织器关系

数据速率	长交织		短交织	
/bit·s^{-1}	行数	列数	行数	列数
2400	40	576	40	72
1200	40	288	40	36
600	40	144	40	18
300	40	144	40	18
150	40	144	40	18
75	20	36	10	9

2. 数据传输格式

串行波形发送由四部分组成，分别是同步头、数据序列、报文结束序列及编码和交织刷新比特，如图 5-3 所示。同步头用于接收端信号检测、速率交织等参数提取。为了实现有效的信道估计和均衡，一般在数据中间隔插入已知序列作为训练。

图 5-3　串行波形数据传输格式

同步头设计时要求检测性能优于数据传输性能，同步头发送时间一般与交织方式有关。110B 交织主要为短交织和长交织，交织时间分别为 0.6s、4.8s，同步头序列的长度正好为交织时间。同步头由基本同步头序列多次重复得到，基本同步头序列的长度为 200ms，传输内容为 0、1、3、0、1、3、1、2、0、$D1$、$D2$、$C1$、$C2$、$C3$、0，其中 $D1$ 和 $D2$ 为接收端指示了当前业务的传输速率及交织方式，其具体配置值见表 5-2。每个数进行码长 32 的 8 阶正交扩频调制，共有 480 个调制符号。

表 5-2　110B 波形同步头的 *D1* 和 *D2* 配置表

传输速率 /bit·s^{-1}	短交织		长交织	
	D1	*D2*	*D1*	*D2*
4800	7	6	–	–
2400（数字话音）	7	7	–	–
2400（数据）	6	4	4	4
1200	6	5	4	5
600	6	6	4	6
300	6	7	4	7
150	7	4	5	4
75	7	5	5	5

$C1$、$C2$、$C3$ 为计数值，指示了当前接收到的基本同步头在整个同步头序列中所处的位置。以 110B 为例，在短交织情况下，包含 3 个基本同步头，因而从 2 开始计数，并依次递减至 0；在长交织情况下，包含 24 个基本同步头，从 23 开始计数，其 6bit 二进制表示为 "010111"，将 "010111" 分配到 $C1$、$C2$ 和 $C3$，同时将这 3 个计数值的最高位均置为 1，则 $C1 = 101$、$C2 = 101$、$C3 = 111$。此后，计数值逐步减小为 0。110C 同步头中则携带 8bit 倒计数值和 10bit 速率交织编码等信息。

训练通常采用自相关特性良好的序列，以便更好地估计信道。110B 主要插入 0 序列并结合扰码作为训练，110C 则通过弗兰克（Frank）多相序列循环移位构造最小探测序列作为训练，并不叠加扰码。为了实现不同速率的匹配，数据和训练长度及比例一般会有所不同，具体参数需要根据波特率、编码及调制方式进行匹配设计。表 5-3 给出了 110B/110C 主要速率的设计参数，其中 75bit/s 采用 Walsh 正交扩频调制，无训练。由表中可看出，训练长度对应时间均在 6.7ms 以上，这表明串行波形对多径的适应能力要优于并行波形。

串行波形传输过程中会受到多径衰落影响，为了便于分离多径和解调处理，通常在同步头和数据阶段均进行扰码。110B 中同步头扰码为长度 32 的 8 进制序列，与正交扩频调制码字做模 8 和运算，并周期性重复。数据阶段扰码由长度 160 的 8 进制序列重复构成。

表 5-3　110B/110C 串行波形设计参数

数据速率/bit·s^{-1}	110B				110C			
	编码效率	训练长度	数据长度	调制方式	编码效率	训练长度	数据长度	调制方式
2400	1/2	16	32	8PSK	9/16	32	256	QPSK
1200	1/2	20	20	QPSK	2/3	32	96	BPSK
600	1/2	20	20	BPSK	1/3	32	96	BPSK
300	1/4	20	20	BPSK	1/4	48	48	BPSK
150	1/8	20	20	BPSK	1/8	48	48	BPSK
75	1/2	无	全部	Walsh	1/2	无	全部	Walsh

110B 串行波形基本参数如下：

技术体制：单载波串行。

信号带宽：300～3300Hz。

数据速率：75bit/s、150bit/s、300bit/s、600bit/s、1200bit/s、2400bit/s。

编码：（2，1，7）卷积码、（2，1，9）卷积码（110C）。

调制：8PSK 调制、波特率为 2400 符号/s、载波频率 1800Hz。

解调：信道估计和时域均衡，PSK 相干解调。

分集方式：300bit/s 时 2 重时间分集；150bit/s 时 4 重时间分集。

5.2.2 数据调制

1. 同步头调制

同步头序列是按照表 5-4 将每个 8 进制数映射为 32 个 8PSK 码元，长度为 15 的基本同步头序列，映射后得到 480 个 8PSK 码元。

表 5-4　同步头序列码元映射规则表

8 进制数	映射 8PSK 码元
0	（0000　0000）重复 4 次
1	（0404　0404）重复 4 次
2	（0044　0044）重复 4 次
3	（0440　0440）重复 4 次
4	（0000　4444）重复 4 次
5	（0404　4040）重复 4 次
6	（0044　4400）重复 4 次
7	（0440　4004）重复 4 次

训练的具体内容与数据传输速率有关。在一个交织块中，最后两个训练分别发送 $D1$ 和 $D2$，其余均发送全 0 序列。在接收端可以利用训练中携带的 $D1$ 和 $D2$ 提取同步信息，完成迟入同步。

2. PSK 星座映射

串行波形中使用 PSK/QAM 调制，星座图采用格雷映射关系，110B/110C 中给出了详细的 PSK/QAM 星座图，调制数据符号和间隔性插入的训练序列一起，按照波特率 2400 符号/s 进行脉冲成形，最后通过载波调制和数模变换，得到发送波形。脉冲成形一般选用平方根升余弦滤波器，以便生成无码间串扰波形，其滚降系数用于调整频谱形状，载波频率选用 1800Hz，调制后得到 300～3300Hz 话带模拟信号。

不同数据传输速率下采用的映射规则有所区别。以 110B 为例，当传输速率为 4800bit/s 和 2400bit/s 时，每次提取 3bit，映射得到 1 个 8PSK 码元；当传输速率为 1200bit/s 时，每次提取 2bit 进行映射；而传输速率为 75～600bit/s 时，每次提取 1bit 进行映射。在完成未知数据的映射后，对所有 8PSK 码元进行格雷映射，随后用 1800Hz 载波进行 8PSK 调制，表 5-5 给出了具体的映射规则。

表 5-5　不同传输速率下用户数据映射规则表

数据传输速率	比　　　特	格雷映射前码元	格雷映射后码元
2400~4800bit/s	000	0	0
	001	1	1
	010	2	3
	011	3	2
	100	4	7
	101	5	6
	110	6	4
	111	7	5
1200bit/s	00	0	0
	01	2	2
	10	4	6
	11	6	4
75~600bit/s	0	0	0
	1	4	4

图 5-4 分别给出了未进行格雷映射和进行格雷映射后的 8PSK 调制星座图。

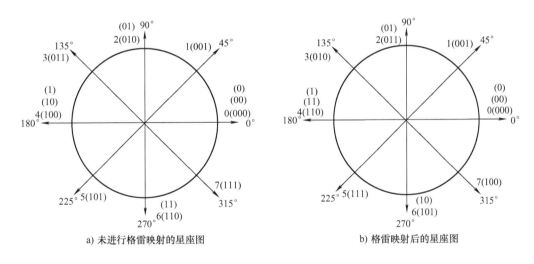

a) 未进行格雷映射的星座图　　　　　b) 格雷映射后的星座图

图 5-4　8PSK 调制星座图

5.3　串行接收技术

单载波串行波形接收中，需要依次完成信号检测、载波同步和位同步、频偏校正与跟踪、信道估计与均衡等处理。

5.3.1 信号检测和频偏校正

（1）信号检测

在数字通信系统中，信号检测一般采用能量检测法判别信号是否存在。在短波通信中，由于信道的时变性，传统方法性能不好，常用的方法有基于时域相关的联合信号检测和变换域联合信号检测。

（2）频偏校正与跟踪

短波通信中由于发射机和接收机晶振稳定度问题，实际收发频率会存在一定的偏差，接收波形时必须进行校正和跟踪。以晶振稳定度 1×10^{-6}、工作频率 20MHz 为例，电台自身频偏范围 ±20Hz，收发双方最大频偏 ±40Hz。考虑实际信道影响，通常要求频偏校正能力为 ±75Hz，跟踪能力为 3.5Hz/s。

在串行波形接收过程中，首先利用同步头对频偏进行初始估计和校正，数据阶段则通过周期性插入的训练对残余频偏进行估计和跟踪，也可利用判决反馈数据来提高估计精度。目前，随着温补晶振甚至恒温晶振的使用，晶振稳定度有了较大提高，达到 5×10^{-7} 或 1×10^{-7} 以下，新研制短波通信系统的频偏已经很小，但考虑到传统短波电台的使用问题，短波调制解调器一般都保留了上述频偏校正能力，甚至范围更大。

5.3.2 信道估计与均衡

自适应均衡的基本原理是实时校正信道产生的幅度和相位失真来抵消信道的码间干扰，其本质是时变传输信道的反向滤波。自适应均衡器可分为基于单个符号解调和基于数据块解调两类。具体实现可参考相关文档，这里不展开讨论。实际测试表明：块均衡性能要优于基于单个符号的自适应均衡，若结合分数间隔均衡、Turbo 均衡，将可获得更好的均衡效果。随着带宽增加，时域均衡复杂度将是急需解决的问题，此时单载波频域均衡提供了一条解决途径。

5.4　卷积编译码

5.4.1　卷积编码基本原理

分组码是把 k 个比特信息的序列编成 n 个比特的码组，每个码组的 $n-k$ 个校验位仅与本码组的 k 个信息位有关，而与其他码组无关。为了达到一定的纠错能力和编码效率，分组码的码组长度一般都比较大。编译码时必须把整个信息码组存储起来，由此产生的译码时延随 n 的增加而增加。

卷积码与分组码不同，其编码器具有记忆性，即编码器的当前输出 n 个码元不仅与当前段的 k 个信息有关，还与前面的 $N-1$ 段信息有关，编码过程中互相关联的码元个数为 $n+N$。码率 $R=k/n$，存储器阶数为 M 的卷积编码器可用 k 个输入、n 个输出、输入存储器阶数为 M 的线性序贯电路实现，即输入在进入编码器后仍会多待 M 个时间单元。通常，n 和 k 都是比较小的整数，$k<n$，信息序列被分成长度为 k 的分组，码字（codeword）被分成长度为 n 的分组。当 $k=1$ 时，信息序列无须分组，处理连续进行。卷积码的纠错性能随 N 的增

加而增大，而差错率随 N 的增加呈指数下降。在编码器复杂性相同的情况下，卷积码的性能优于传统分组码。

图 5-5 给出了（2，1，3）卷积码的一般结构描述，即速率 $R = 1/2$、存储器阶数 $M = 3$ 的非系统前馈卷积编码器框图，该编码器中输入信息比特 $k = 1$、$n = 2$ 个模 2 加法器和 $M = 3$ 个延时单元，则共有 2^M 个状态。由于模 2 加法器是线性运算，因此编码器是一个线性系统，所有卷积码都可用这类线性前馈移位寄存器编码器实现。

信息序列 $\boldsymbol{u} = (u_0, u_1, u_2, \cdots)$ 进入编码器，每次 1bit。编码器是一个线性系统，两个编码器输出序列 $\boldsymbol{c}1 = (c1_0, c1_1, c1_2, \cdots)$ 和 $\boldsymbol{c}2 = (c2_0, c2_1, c2_2, \cdots)$，可通过输入序列 u 和两个编码器脉冲响应的卷积得到。计算脉冲响应时，可设 $\boldsymbol{u} = (1, 0, 0, \cdots)$，然后观测两个输出序列。对一个具有 M 阶存储器的编码器，脉冲响应能够持续

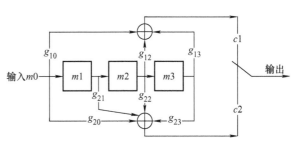

图 5-5　卷积编码结构图

最多 $M + 1$ 个时间单元，可写为 $\boldsymbol{g}_1 = (g_{10}, g_{11}, g_{12}, \cdots, g_{1M})$ 和 $g_2 = (g_{20}, g_{21}, g_{22}, \cdots, g_{2M})$。对图 5-5 的编码器有

$$\boldsymbol{g}_1 = (1,0,1,1) \tag{5-1}$$

$$\boldsymbol{g}_2 = (1,1,1,1) \tag{5-2}$$

脉冲响应 $\boldsymbol{g}_1$ 和 $\boldsymbol{g}_2$ 称为编码器的生成器序列。这样，编码方程为

$$\boldsymbol{c}1 = \boldsymbol{u} \otimes \boldsymbol{g}_1 \tag{5-3}$$

$$\boldsymbol{c}2 = \boldsymbol{u} \otimes \boldsymbol{g}_2 \tag{5-4}$$

其中 $\otimes$ 表示离散卷积，且所有运算都是模 2 加运算，对于所有 $l \geqslant 0$，有

$$c1_l = \sum_{i=0}^{M} u_{l-i} g_{1i} = u_l g_{10} + u_{l-1} g_{11} + \cdots + u_{l-M} g_{1M} \tag{5-5}$$

$$c2_l = \sum_{i=0}^{M} u_{l-i} g_{2i} = u_l g_{20} + u_{l-1} g_{21} + \cdots + u_{l-M} g_{2M} \tag{5-6}$$

其中，对于所有 $l < i$，$u_{l-i} = 0$，即将编码器初始化为零状态，这样图中所示的编码器的通式为

$$c1_0 = u_l + u_{l-2} + u_{l-3} \tag{5-7}$$

$$c2_0 = u_l + u_{l-1} + u_{l-2} + u_{l-3} \tag{5-8}$$

编码后，两个输出序列复用成一个序列，称为码字（codeword），表示为

$$\boldsymbol{c} = (c1_0, c2_0, c1_1, c2_1, c1_2, c2_2, \cdots) \tag{5-9}$$

将生成序列 $\boldsymbol{g}_1$ 和 $\boldsymbol{g}_2$ 写成矩阵形式：

$$\boldsymbol{G} = \begin{bmatrix} g_{10}g_{20} & g_{11}g_{21} & g_{12}g_{22} & \cdots & g_{1M}g_{2M} & & \\ & g_{10}g_{20} & g_{11}g_{21} & \cdots & g_{1M-1}g_{2M-1} & g_{1M}g_{2M} & \\ & & g_{10}g_{20} & \cdots & g_{1M-2}g_{2M-2} & g_{1M-1}g_{2M-1} & g_{1M}g_{2M} \\ & & & \vdots & & \vdots & \vdots & \vdots \end{bmatrix} \tag{5-10}$$

其中空白区域为全 0，这样编码方程可写成矩阵形式：

$$c = uG \tag{5-11}$$

G 称为该编码器的生成矩阵。我们注意到 G 中的每一行都与前一行相同，只是向右移位了 $n = 2$ 位，它是一个半无限矩阵，对应于信息序列 u 是一个任意长度的序列。如果 u 只有有限长 N，则 G 具有 N 行、$2(M+N)$ 列，c 的长度为 $2(M+N)$。

编码过程可以用状态图来进行描述，编码器的状态定义为移位寄存器的比特组合，对于一个 $(n, 1, M)$ 的卷积编码来说，则共有 2^M 个状态，在 l 时刻编码器的状态为 $\delta_l = (s_{l-1}, s_{l-2}, \cdots, s_{l-M})$，由编码器框图可以得到

$$\delta_l = (u_{l-1}, u_{l-2}, \cdots, u_{l-M}) \tag{5-12}$$

每当输入 1bit 都会引起编码器的移位，即转移到一个新的状态，在状态转移图 5-6 中，离开每个状态有两个分支。转移状态的路径用箭头线表示，每个分支上的 a/bc 表示状态转移的输入输出。

假设编码器初始状态在 S_0（全 0 态），对于给定的信息序列根据状态图就可得到码字，最后还要补 M 个 0 使状态返回到 S_0。

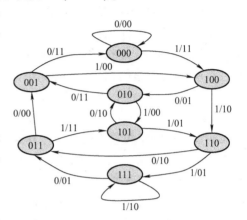

图 5-6　卷积编码状态转移图

5.4.2　Viterbi 译码算法

卷积编码器自身具有网格结构，基于此结构我们给出两种译码算法：Viterbi 译码算法和 BCJR 译码算法。1967 年，Viterbi 提出了卷积码的 Viterbi 译码算法，后来 Omura 证明 Viterbi 译码算法等效于在加权图中寻找最优路径问题的一个动态规划（Dynamic Programming）解决方案，随后，Forney 证明它实际上是最大似然（ML，Maximum Likelihood）译码算法，即译码器选择输出的码字通常使接收序列的条件概率最大化。BCJR 算法是 1974 年提出的，它实际上是最大后验概率（MAP，Maximum A Posteriori probability）译码算法。基于比特错误概率是最小的 MAP 译码算法，考虑了信息的先验概率，当信息比特先验等概率时，MAP 算法就退化为 ML 译码算法。在迭代译码应用中，例如逼近 Shannon 限的 Turbo 码，常使用 BCJR 算法。

由于基于 ML 的 Viterbi 算法实现更简单，因此实际应用比较广泛，在这里我们主要讨论 Viterbi 算法。另外，在迭代译码应用中，还有一种软输出 Viterbi 算法（SOVA，Soft‐Output Viterbi Algorithm），它是 Hagenauer 和 Hoeher 在 1989 年提出的。

为了理解 Viterbi 译码算法，我们需要将编码器状态图按时间展开（因为状态图不能反映出时间变化情况），即在每个时间单元用一个分隔开的状态图来表示。例如 $(2, 1, 3)$ 卷积码，其生成多项式矩阵可以表示为

$$G(D) = [1 + D^2 + D^3, 1 + D + D^2 + D^3] \tag{5-13}$$

基于式 (5-13) 多项式矩阵，图 5-7 给出了用来表示卷积码的网格图，即时间与对应状态的转移图。可见该卷积码具有 8 个状态：000、001、010、011、100、101、110、111，分别对应于移位寄存器三个单元的内容，在每个时间周期内，用 8 点代替这 8 个状态，然后根

据状态之间可能发生的转移情况将这些点连接起来，就可以得到网格图。图中在连接两个状态的每一条支路上，用两个二进制符号表示与转移相对应的编码器输出，卷积码的码字与网格上相应的路径相对应。

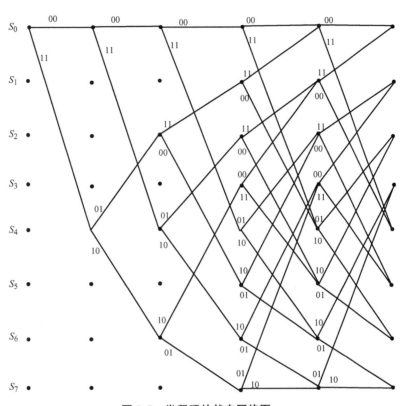

图 5-7　卷积码的状态网格图

下面推导译码算法原理，设 $\{c_i\}$ 表示发送的比特，$\{r_i\}$ 表示接收端解调器的输出，如果采用硬判决译码，则解调器输出的 $\{r_i\}$ 就是 0 或 1。如果用软判决译码，假设信道为高斯白噪声信道，则

$$r_i = \sqrt{\xi_c}(2c_i - 1) + n_i \tag{5-14}$$

式中，n_i 为加性高斯白噪声；ξ_c 为发送每个编码比特所用的能量，则解调器输出的条件概率密度函数 $p(r_j/c_j)$ 为

$$p(r_j/c_j) = \frac{1}{\sqrt{2\pi}\delta}\exp\left\{-\frac{\left[r_j - \sqrt{\xi_c}(2c_j - 1)\right]^2}{2\delta^2}\right\} \tag{5-15}$$

设码长为 L，发送的编码比特码字表示为 C_k，接收解调输出为 R，则似然函数表示为

$$p(R/C_k) = \left(\frac{1}{\sqrt{2\pi}\delta}\right)^L \exp\left\{-\sum_{n=1}^{L}\frac{\left[r_n - \sqrt{\xi_c}(2c_{k,n} - 1)\right]^2}{2\delta^2}\right\} \tag{5-16}$$

式中，k 为所有可能发送码字中的第 k 个码字。最大似然译码就是将所有可能发送的编码码字代入上式，找到似然概率最大的码字作为译码输出，即表示为

$$\tilde{C}_k = \arg\left\{\max_{C_k} p(R/C_k)\right\} \tag{5-17}$$

进一步推导可得

$$\tilde{C}_k = \arg\left\{\max_{C_k}\sum_{n=1}^{L} r_n \cdot (2c_{k,n} - 1)\right\} \tag{5-18}$$

由式（5 – 18）可知，最大似然译码转换为找出与接收序列具有最大相关度量的码字。Viterbi 算法就是通过网格图找到具有最大相关度量的路径，也就是最大似然路径（码字）。Viterbi 算法不是在网格图上依次逐一比较所有的可能路径，而是接收一段，计算、比较一段，保留最有可能的路径，从而大大降低运算复杂度，使卷积码的最大似然译码成为可能。

由图 5-7 可见，在每个时间单元的每个状态，都增加两个分支度量到以前存储的路径度量中，然后对进入每个状态的所有两个路径度量进行比较，选择具有最大度量的路径，最后存储每个状态的幸存路径及其度量，从而达到整个码序列是一个最大似然序列。Viterbi 具体算法可以描述如下：

把在阶段 i，状态 S_j 所对应的网格图节点记作 $S_{j,i}$，给每个网格图节点赋值 $V(S_{j,i})$。设接收序列长度为 L，节点值按照如下步骤计算。

1）初始度量设 $V(S_0, 0) = 0$。

2）在 $i = L$ 阶段，计算进入每一状态的分支的部分路径长度，挑选并存储最大相关值度量的路径以及长度 $V(S_j, L)$，称此部分路径为幸存路径。计算度量可以采用硬判决和软判决两种方式，其中软判决的特性要比硬判决好 2 ~ 3dB。

3）在 $i = L+1$ 时，把此阶段进入每一状态的所有分支长度，和同这一分支相连的前一阶段的幸存路径的长度 $V(S_j, j)$ 相加，挑选最大路径加以存储并删去其他所有竞争路径，得到该阶段的幸存路径和长度 $V(S_j, i+1)$，使幸存路径的长度增加了一个分支。

4）若 $i < L$，则返回第 3）步，否则跳转到第 5）步。

5）通过网格图中的幸存路径返回到初始的全 0 状态，该路径即为最大似然路径，对应于它的输入比特序列是最大似然解码的信息序列。

(n, k, M) 卷积码编码器共有 2^{kM} 个状态，因此 Viterbi 译码器必须具有同样的 2^{kM} 个状态，并且在译码过程中要存储各状态的幸存路径以及长度，Viterbi 译码器的复杂程度随 2^{kM} 指数增加，一般要求 $M \leqslant 10$。同样的，当 L 很大时也会造成译码器的存储量太大而难以实现，可以采用截尾译码来解决这个问题，只要存储 $\tau \ll L$ 段子码即可。当译码器接收并处理完 τ 个码段后，译码器中的路径存储器已经全部存满，当处理第 $\tau + 1$ 个码段时，必须对路径存储器中的第一段信息做出判决并输出。截尾译码可以大大降低译码所需的存储器，但其性能可能稍差，如果 τ 选择足够大，则对译码错误概率的影响很小。一般取 $\tau = (5 \sim 10)M$。

5.5 并行与串行传输技术性能对比

从短波通信使用需求来看，短波数据传输要具备更高的数据速率、更好的传输可靠性以及更强的抗干扰能力。结合用户需求，采用合适的技术，可设计相应的短波调制解调器，但短波调制解调器多种多样，即使相同的数据速率，也会有不同的技术实现途径，可靠性和抗干扰能力也不尽相同。那么，如何优选技术方案就显得尤为重要，这涉及如何衡量和评价调制解调器的技术水平。

Shannon1948 年提出了著名的信道容量公式，在加性高斯白噪声（AWGN）条件下，带

宽为 W 的理想信道所具有的信道容量为

$$C = W \log_2\left(1 + \frac{S}{N}\right) \tag{5-19}$$

式中，S/N 为信道信噪比；C 为信道容量，单位为 bit/s。Shannon 公式表明：给定 W 和 S/N，采用适当的编码调制技术，以 C 作为数据速率进行无差错可靠传输是在理论上可行的；若给定 W 和 C，计算得到的 S/N 为 Shannon 极限信噪比。

考虑到 Shannon 公式是理论上的，而且在设计短波调制解调器时，为了适应实际短波信道多径衰落条件，需采取一定的保护措施，如多载波并行体制增加循环前缀、单载波串行体制插入训练序列等，这些措施增加了额外开销，因此 C 是实际数据速率的上限，数据速率达不到信道容量，只能尽可能接近，数据速率越接近于 C 说明 AWGN 信道传输性能越好。

在实际工作中，为了定量评估调制解调器的性能水平，并反映实际信道传输效果，通常综合采取多种评价方式：

1）测试 AWGN 信道下的传输性能。通常以连续比特流为传输样本，以误比特率小于设定值时的最低信噪比作为性能指标，并与 Shannon 极限信噪比进行对比，越接近性能越好。例如数据误比特率以 1×10^{-5} 为参考，声码话误比特率以 1×10^{-2} 为参考。若是非连续比特流业务，可选择其他指标，如分组业务以误分组率为测试指标。

2）测试典型多径衰落信道下的传输性能。通过专用短波信道模拟器，设定典型多径衰落信道参数，获取信噪比测试指标，如 CCIR – Good 和 Poor 信道。上述两种方式主要目的是在室内模拟环境下定量评估传输性能，具有可重复验证的特点，可用于设计和优化调制解调算法。一般来说，室内多径衰落信道测试情况很大程度上能反映实际短波信道的传输效果。

3）测试检验实际短波信道的传输效果。通过构建实际短波通信系统，在外场开展通信试验，定量统计各项性能指标，以实践来检验调制解调器的性能。该方式作为最终检验标准，其目的是评估实际传输效果，以便对调制解调器更好地进行优化。如果室内测试性能好，但外场试验效果很一般，这表明调制解调器对实际信道的适应能力有欠缺，需要改进和完善。

单载波串行波形与多载波并行波形相比，实际传输性能和效果明显提升，因此成为当前主流技术体制。在美军标 110B、110C 中，对波形性能提出了明确要求，表 5-6 给出了不同波形不同速率的性能要求，测试条件为长交织、误比特率 $\leqslant 10^{-5}$，以 3kHz 带宽内的最低实测信噪比作为指标。可以看出，在典型两径衰落信道条件下，110A 并行、110B 串行、110C 串行的性能逐步提高。

表 5-6　并行、串行波形的信噪比　（dB）

数据速率 bit·s^{-1}	两径衰落信道			AWGN 信道
	110A 并行	110B 串行	110C 串行	110C 串行
2400	>30*	18	11	6
1200	20*	11	10	5

（续）

数据速率	两径衰落信道			AWGN 信道
bit · s^{-1}	110A 并行	110B 串行	110C 串行	110C 串行
600	–	7	7	3
300	7*	7$^{\#}$	5	0
150	–	5$^{\#}$	3	–3
75	3*	2$^{\#}$	–1	–6

注：1. 两径衰落信道默认为 CCIR – Poor，路径时延、增益和多普勒扩展分别为 [0, 2ms]，[1, 1]，[1Hz, 1Hz]。

2. ()*表示信道参数为 [0, 2ms]，[1, 1]，[2Hz, 2Hz]；()$^{\#}$表示信道参数为 [0, 5ms]，[1, 1]，[5Hz, 5Hz]。

5.6 技术发展趋势

短波数据传输技术是短波通信系统的核心技术之一，具备单纯数据传输功能的设备称为短波调制解调器（Modem），图 5-8 给出了短波数据传输结构框图及涉及的技术。在发送端，编码、交织、调制及同步头等构成了发送信号波形，一旦设计好各部分详细格式，波形就明确了，这也是区分不同波形体制的关键所在。接收端包括干扰抑制、同步、解调、解交织、译码等，各部分处理算法设计对实际信道接收效果具有重要影响，相同的发送波形不同的接收算法可能会导致传输效果的不同。因此，波形体制和解调算法设计直接体现了调制解调器技术的先进水平。

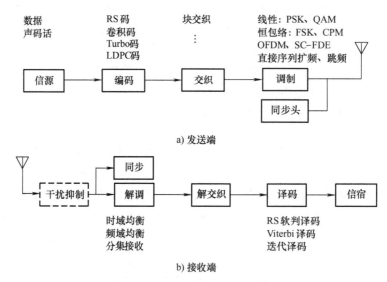

a) 发送端

b) 接收端

图 5-8 短波数据传输结构框图

短波数字通信的信源主要是数据和声码话，数据包括短消息、报文、传真、图像、视频流等各种数字信息，数据传输的快慢与 Modem 数据传输能力直接相关，传输方式包括 ARQ 无差错传输和单向传输两种。声码话指数字话音，由于实际短波信道传输条件的限制，话音编解码速率主要有 600bit/s、1200bit/s 以及 2400bit/s，这远低于移动通信 GSM/CDMA 系统中的话音速率，2400bit/s 对信道质量要求最高，600bit/s 正好相反，除速率之外，编解码时延和可懂度也是衡量声码话性能的重要指标。

短波通信常用编码包括 RS 码、卷积码、Turbo 码及 LDPC 码等，其中，RS 码用于短波多载波并行波形体制中，卷积码用于单载波串行波形体制中，随着 Turbo 码及迭代译码技术的出现，Turbo 码和 LDPC 码也开始应用于短波通信中，可获得比 RS 码和卷积码更好的编译码性能。对于已有的并行和串行体制，由于作为标准早已颁布，在波形不变的情况下，如何优化接收处理算法、提升性能才是关键。例如采用 RS 软判决译码或迭代译码技术、引入短波信道 Turbo 迭代均衡等。

同步头主要用于信号检测和同步，同时提取速率、交织等信息，指导后续数据接收处理。调制技术和编码、交织相结合，构成了 Modem 的核心，代表着波形体制的基本特征。为了提高多径衰落信道下的接收效果，采取合适的抗衰落设计和解调处理技术是非常有必要的，如交织/解交织设计、时/频域均衡以及分集接收等。

1. 短波数据传输技术体制

短波数据传输的调制方式多种多样，可采取如下划分方式：

1）以载波数划分，分为单载波和多载波两类，如基于正交频分复用（OFDM）的多载波并行波形体制，以线性调制 PSK/QAM 为基础的单载波串行波形体制，以及采用循环前缀结构的单载波频域均衡（SC – FDE）体制等。

2）以符号基本调制划分，分为线性和非线性恒包络两类，线性以 PSK、QAM 为代表，恒包络以频移键控（FSK）和连续相位调制（CPM）为代表，具体包括 MFSK、时频调制（TFSK）以及 MSK、CPFSK 等。与线性调制相比，恒包络调制的峰平比更低，发射机功率辐射效率高。

3）以是否扩频划分，上述调制结合扩频技术，可形成短波扩频通信，提高抗干扰和抗截获能力。具体包括直接序列扩频和跳频两种，如单载波宽带直接序列扩频；基于单载波串行的短波低速跳频，跳速为 5 跳/s、10 跳/s、20 跳/s；基于 FSK 的相关跳频增强型扩频（CHESS），即高速差分跳频，跳速高达 5000 跳/s 等。

2. 短波宽带高速传输技术

传统短波数据传输利用话音带宽 3kHz 进行业务传输，实际数据速率一般不超过 2400bit/s，随着数据业务量的增加和业务种类的拓展，对于 2400bit/s 以上的短波高速数据传输的需求日益增强，研究和开发短波高速调制解调技术具有重要的现实意义。

鉴于实际短波信道 2400bit/s 通信效果常常难以保证，在发射功率受限情况下，若仍在窄带 3kHz 内采用高效调制方式来提高速率，通信将变得更加困难，因此，突破传统 3kHz 带宽，研究短波宽带通信更具有可行性。由 Shannon 公式可知，由于信号带宽加大，相同信噪比下可获得更高的数据速率；相同数据速率下，短波宽带通信所需信噪比更低，实际通信效果更好。

在这种背景下，短波宽带调制解调器应运而生，成为当前研究的热点之一。依托短波宽带调制解调器，可构建短波宽带通信系统，实现短波高速和可靠通信。现有宽带技术研究中，信号带宽在 3kHz 上适当拓展是一个主流方向，这是由于短波信道拥挤、各种干扰严重，寻找连续的高带宽通常比较困难，而且从系统实现角度来说，短波电台收发信号通道更易于提升改造。这类 Modem 的带宽一般不超过 25kHz，采取独立外置或电台内置模块形式，与收、发信机信号接口采用音频或中频接口。另外一类带宽达到几百 kHz 以上，采用中频接口形式，着重提升抗截获和抗干扰能力。

随着短波宽带 Modem 的诞生，业务传输时又多了一种选择，但如何选择不同信号带宽的短波体制是用户所面临的问题，这涉及如何横向比较窄带和宽带调制解调器。为此，将 Shannon 公式重新表述为

$$\frac{C}{W} = \log_2\left(1 + \frac{S}{N}\right) \tag{5-20}$$

式中，C/W 表示频谱利用率（bit·s^{-1}/Hz）。那么，窄带和宽带调制解调器可纳入到同一框架下，以实际频谱利用率和信噪比作为性能评价指标，即相同频谱利用率下信噪比尽可能低，或相同信噪比下频谱利用率尽可能高。

短波宽带通信与传统窄带通信相比，遭受到更严重的频率选择性衰落，存在更严重的码间串扰，而且随着带宽的增加和数据速率的提高，对系统运算资源要求也越高，这对宽带调制解调技术提出了严重的挑战，短波宽带 Modem 面临着如何降低实现复杂度、提高传输性能的问题。目前，比较典型的短波宽带调制解调技术有以下几种：

（1）宽带多载波并行技术

宽带多载波并行技术包括两种具体实现方式：

一是将窄带多载波并行思想拓展至宽带，采用正交频分复用（OFDM）技术。作为典型的多载波传输技术，OFDM 在宽带无线通信领域有着广泛的研究和应用，如数字音频广播（DAB）、数字电视以及移动通信 LTE 下行链路等。OFDM 信号频谱由多个子带构成，发送数据流分解为多个低速数据流后，分别在每个子带上传输。对于短波宽带 OFDM，将会有更多的子载波，信号峰平比很高，电台不能全功率发射，实际信道特性变化会对子带的正交性产生负面影响，在多径衰落和干扰严重的信道中性能受限。

二是基于窄带单载波串行体制，采用多信道并行传输思想，将整个带宽划分为多个相邻 3kHz 子信道，每个子信道采用现有单载波串行波形，并行传输数据，从而提高整体传输速率。以 24kHz 带宽为例，分为 8 个 3kHz 信道，若每个子信道传输 2400bit/s 数据，那么总数据速率将达到 19.2kbit/s。多信道并行传输技术是一种频分复用技术，每个信道频谱互不重叠，其思想在现有标准已有体现，例如：美军标 110B 利用上下两个独立边带同时传输数据，速率可达 19.2kbit/s；北约标准 STANAG 4539 则通过 2～6 个离散 3kHz 信道并行传输。由于每个信道载波频率不同，系统需要多路调制解调，实现复杂度较高。

（2）宽带单载波串行技术

宽带单载波串行技术是传统窄带单载波串行技术的延伸，以美军 2011 年颁布的标准 MIL－STD－188－110C 为代表。该标准选择 3kHz 的 1～8 倍作为信号带宽，参照 110B 串行波形技术架构，设计了各种带宽下的数据传输波形，内容涉及训练序列和未知序列、PSK/QAM 调制、卷积编码等方面，最高数据速率达到 120kbit/s。此外，对 110B 的 3kHz 串行波形进行了优化和重新设计，传输性能提高约 2dB。

单载波串行波形经过多径衰落信道后，接收时要采用信道估计和时域均衡技术进行补偿。随着带宽的加大，符号速率提高，符号周期变小，多径衰落信道下码间串扰将更加严重，以带宽 24kHz、19.2k 符号/s 为例，5ms 多径时延将影响到 96 个符号，那么，时域均衡

器的抽头系数将非常多，实现复杂度相当高，研究低复杂度的时域均衡技术显得尤为重要。

（3）宽带单载波频域均衡技术

单载波频域均衡（SC‐FDE）是一种适合于短波宽带数据传输的单载波技术，具有实现复杂度低的特点，此前用于移动通信长期演进（LTE）上行链路中。基本思想是将数据符号划分为若干块，在每个符号块之前增加循环前缀（CP），一方面作为多径保护，消除前后符号块之间的干扰；另一方面使符号块与信道的线性卷积呈现循环卷积特性，便于接收端采用频域均衡。不同于单载波串行技术，SC‐FDE 对整个数据块进行一次性频域均衡，避免了时域均衡技术的逐符号均衡过程，大大减小了实现复杂度。

以 24kHz 带宽为例，利用单载波频域均衡技术设计短波宽带数据传输系统，最高数据速率可达 128kbit/s，大量信道试验表明，在相同功率和数据速率条件下，误码性能和通信效果明显优于传统窄带 3kHz 通信系统。与宽带多载波并行技术相比，单载波信号具有较低的峰平比，电台功率发射的效率更高。

（4）宽带扩频通信技术

采用跳频或直接序列扩频技术可提高数据速率和通信效果，典型系统有两类：

一是 CHESS 高速差分跳频系统，最早在 20 世纪 90 年代由美国 Lockheed Samders 公司开发，信道带宽为 2.56MHz，跳速为 5000 跳/s，最高速率为 19.2kbit/s。该系统利用前后两跳的频率位置关系携带信息，采用宽带功放和宽带天线。国内带宽为 1.28MHz、640kHz 和 320kHz。二是宽带直接序列扩频系统，最早由美国 SICOM 公司开发，在 1.5MHz 带宽内传输 57.6kbit/s 数据。国内带宽为 1MHz，最高速率为 64kbit/s。由于短波信道拥挤、存在频率窗口效应，宽带扩频通信将面临工作频率难选取的问题。

思考题

1. 单载波串行数据传输是如何克服多径的？
2. 单载波串行和多载波并行技术在克服多径问题上的区别在哪里？
3. 画出单载波串行数据传输的发送框图，简要介绍各模块的作用。
4. 画出单载波串行数据传输的接收框图，简要介绍各模块的作用。
5. 试给出 8PSK 调制时按照格雷映射的比特和符号的对应关系，并解释这样的好处。
6. 简述自适应均衡技术的基本原理。
7. 简述卷积码的编码和译码过程。

第6章

短波自适应通信技术

06

6.1　概述

短波通信因通信距离远、机动性好、顽存性强等独特优势，一直以来是远程无线电通信的重要手段之一。但是，短波通信达成远距离通信所依赖的电离层，是一种典型的时变传输媒介，可用通信频率随通信距离、时间变化，加上信道干扰多，信道极不稳定，达成可靠短波通信是非常困难的。

在短波自适应通信出现之前，为了建立或保持高质量的通信，常用的手段是通过频率的长期预报和操作员的经验来使通信系统能够适应信道条件的变化。频率的长期预报可以根据不同地区、不同时间和不同通信距离的通信线路的最高可用频率（MUF）月中值来确定目前可用频率的大致范围，操作员再根据其经验对电离层的实时变化情况和干扰情况进行估计，确定最终的工作频率。这种判定方式往往会存在很大误差，其通信效果无法保证。

短波自适应通信主要是针对短波信道的色散时变这一重要特点，为了克服传统短波通信系统存在的不足，提高短波通信的可靠性和有效性而发展起来的。从广义上来讲，所谓自适应，就是能够连续监测信号和系统变化，自动改变系统结构和参数，使系统具有自动适应通信条件变化的能力。短波自适应通信具有如下作用。

1. 提高系统可通率

短波通信链路的达成与频率选择、功率、数据速率等众多参数相关，而其可用通信频率与用户地理位置、时间密切相关。因此，传统短波通信系统可通率往往不高。采用短波自适应通信能够对所有可用频率进行链路质量分析，并自动选择、寻找可用频率，有效地提升系统可通率。

2. 改善通信质量

短波信道是时变衰落信道。采用短波自适应通信后，通过实时信道估值，可以使短波通信系统避开衰落比较严重的信道，选择在通信质量较稳定的信道上工作，有效提高通信质量。

3. 提高短波通信抗干扰能力

采用短波自适应通信，可使系统工作在传输条件良好的弱干扰或无干扰的频道上。目前的短波自适应系统，已具有"自动信道切换"的功能。当遇到严重干扰时，通信系统做出切换信道的响应，提高短波通信的抗干扰能力。

总之，采用短波自适应通信可以充分利用频率资源、降低传输损耗、避开强噪声与电台干扰、提高链路的可靠性。

短波自适应技术主要有：自适应选频、自适应跳频、自适应功率控制、自适应数据速率、自适应均衡等。由于短波通信质量很大程度上取决于频率的选取是否合适，无论哪一种类型的短波自适应技术，都是以实时信道估值为基础的，从而使通信系统具有和短波传输媒质相匹配的自适应能力。因此，最常用的短波自适应技术就是频率自适应技术，即通过实时选频和换频，使通信线路始终工作在传播条件相对较好的信道上。本章后续主要讨论短波频率自适应通信。

6.2　短波频率自适应通信

6.2.1　短波频率自适应通信系统的分类

目前广泛应用的短波频率自适应系统，按功能不同可以分为两类：一类是通信和探测功能分离的独立探测系统，有时也称为"短波频率管理系统"；一类是通信和探测综合的系统，称为短波自适应通信系统。

1. 通信与探测分离的独立系统

这类系统是通信与探测分离的具有实时信道估值功能的探测系统。采用短波频率管理系统实现短波自适应功能时，对信道的探测和通信的实现，是由彼此独立的设备分别完成。它通过实时地在待定通信线路上发射不同频率的探测信号，并对经过电离层反射后到达接收点的各探测信号进行测量和处理，得到反映传输质量的一些参数，从而确定传输质量好的频率，以某种形式告诉用户。如果用户及时地选取这种系统所提供的最佳频率来通信，就能获得最佳通信效果。

这种系统出现较早，曾称为实时选频系统，目前常被称为频率管理系统。为了提高使用效率，可在一定区域内部署多台套组成频率管理网络，在短波全频段范围内进行快速扫描和探测，并求得给定区域内若干条通信线路的可用频率（通常按质量优劣排序成频率质量等级表），同时显示出来，从而起到为区域内各用户提供实时频率预报的作用。短波频率管理系统使短波通信网中各条通信线路在运用传统非自适应电台的条件下具有了实时选频的能力，提高了线路的质量和可通率，能较好地完成服务地区内短波通信网络的频率管理与分配。典型的产品有：美国 20 世纪 60 年代末研制的 CURTS 系统和 70 年代中期的 AN/TRQ – 35(V) 系统，以及 80 年代初的 AN/TRQ – 42(V) 系统等。

2. 探测与通信为一体的频率自适应系统

这种系统的主要特点是通信和信道探测合成在一个通信设备中。信道探测仅对指定的若干频点进行信道质量分析（LQA，Link Quality Analysis），对选定信道进行质量评估，将打分结果存在频率库中，以备通信时选用。该系统遵循统一的规程，具有单呼、网呼、组呼等功能，并实现自动链路建立（ALE，Automatic Link Establishment）。也就是说，这种系统是具有实时选频功能的、智能化的短波通信系统。该系统一般由自动天线调谐器、单边带收/发信机以及自适应控制器组成。典型的频率自适应系统框图如图 6-1 所示。

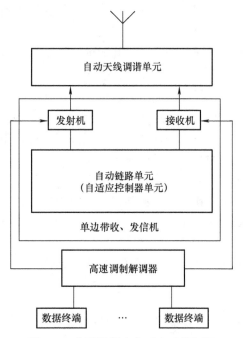

图 6-1 典型的频率自适应系统框图

它的基本功能可以归纳为以下四个方面。

（1）实时信道评估功能

短波自适应通信能适应不断变化的信道条件，具有实时信道评估能力。在短波自适应通信技术中，这种能力称为链路质量分析。一般来说，链路质量分析都是在通信前或通信间隙中进行的。它把获得的数据存在链路质量分析矩阵中。通信时主呼台站根据自身链路质量分析矩阵中各信道的排列次序，择优选取工作频率发起呼叫。

（2）自动扫描接收功能

短波自适应通信技术将固定的通信频率扩展到一组通信频率，要求电台具备在一组信道上接收信号的能力，即自动扫描接收功能。具体而言，要求电台在预先规定的一组信道上循环扫描，并在每一信道停顿一定时间，等候接收可能出现的呼叫信号或者信道探测信号。

（3）自动链路建立功能

短波自适应通信技术要求电台间根据预先约定好的通信协议交互握手信息，实时测试链路的连通性。当完成所有协议要求的交互内容后，完成自动链路建立，随后通信双方可进行业务传输。

（4）信道自动切换功能

短波自适应通信技术能不断地跟踪信道变化，保证通信链路的传输质量。短波信道存在的随机干扰、选择性衰落、多径等都有可能使已建立的链路质量恶化，甚至导致传输中断。因此，短波自适应通信应具有信道自动切换的功能，在通信过程中，出现信道条件恶化或遇到严重干扰时，能自动地切换信道。

此外系统还可以增加一些其他功能，如迟入网、第三方加入、呼叫不明身份电台等。

6.2.2　发展历程

如何选频是短波中远距离通信面临的最主要的技术难点之一。由于电离层反射电波具有明显的可用频率窗口效应，并且该窗口随时间变化而变化，长久以来为了保持短波通信畅通，操作人员只能通过手动操作选择、更换频率，其过程烦琐且时效性低。为此出现了信道实时探测和自动链路建立的概念。

早期，一般采用独立的实时信道评估系统，通过电离层探测的方法来为短波通信系统提供频率优选信息，随后根据探测结果人工设定工作频率。一般把这类技术称为第一代链路建立技术。

20 世纪 80 年代，出现了技术成熟的第二代短波通信系统，大多以第二代自动链路建立标准（如美军 MIL – STD – 188 – 141A）为基础，具备链路质量分析和自动链路建立等功能。

21 世纪初，随着短波通信技术的发展，出现了第三代短波通信系统，以第三代自动链路建立协议（如美军 MIL – STD – 188 – 141B）为基础，除具备链路质量分析、自动链路建立和自动链路保持功能以外，还支持高速数据链路和低速数据链路功能，不仅可以提供高性能的数据传输，还可以支持更大规模的网络和更多的业务类型。

随着短波通信技术飞速发展和认知无线电研究的兴起，在自动链路建立系统中进一步引入频谱感知、智能学习、自适应调整等技术，这些思想是下一代自动链路建立技术的主要发展方向。

6.3　实时信道评估（RTCE）技术

为了克服根据长期预报与信道实时传输性能偏差较大的缺点，20 世纪 60 年代末实时信道估值技术逐渐发展起来，通过该技术实时对信道进行探测和评估，为频率自适应和其他自适应技术提供依据。

实时信道评估（RTCE, Real Time Channel Evalution）是指对一组预先确定的信道进行实时测量，根据测量结果来定量描述这组信道，并对这些信道传输某种通信业务的能力作出评估。它不考虑电离层的结构和具体变化，从特定的通信模型出发，实时地处理到达接收端不同频率的信号，并根据诸如接收信号的能量、信噪比、误码率、多径延时、多普勒频移、衰落特征、干扰分布、基带频谱和失真系数等信道参数的情况和不同的通信质量要求，选择通信适用的频段和频率。

RTCE 的基本概念可以概括如下：

1）测量信道参数是 RTCE 的一项主要任务，究竟采用何种信道参数，要视通信线路传输何种通信业务而定。

2）RTCE 中“实时”的概念，应理解为“实时预报”。在通信线路中，采用具有 RTCE 的探测系统，其目的是为“将来”提供选用什么频率的预测信息。

3）采用 RTCE 的高频自适应系统与给定的通信线路、所要传输的通信业务密切相关。它并不考虑电离层结构和电离层的具体变化，而从特定线路出发，发送某种形式的探测信号，收端在规定的一组信道上测量被选定的参数，通过实时处理所得数据，即可定量区分被测信道的优劣，从而为通信线路提供实时的频率资源信息。

4）RTCE 最终目的是要实时描述在一组信道上传输某种通信业务的能力。在 RTCE 中反映这种能力最好是和线路传输某种通信业务的质量指标联系起来，通常传输数据时采用误码率；传输语音时用清晰度（或信噪比）较为适宜。

能够实现 RTCE 的技术很多，不同的系统往往采用不同的 RTCE 技术。目前在短波自适应通信系统中使用的 RTCE 主要有：电离层脉冲探测 RTCE 技术、电离层啁啾探测 RTCE 技术、8FSK 信号探测 RTCE 技术等。这里我们重点介绍电离层脉冲探测 RTCE 技术。

电离层脉冲探测是早期应用最广泛的 RTCE 形式。它是一种采用时间与频率同步传输和接收的脉冲探测系统。发送端采用高功率的脉冲探测发射机，在给定时刻和预调的短波频道上发射窄带脉冲信号，远方站的探测接收机按预定的传输计划和执行程序进行同步接收。为了获得较好的延时分辨，收和发在时间上应是同步的。通过在每个探测频率上发射多个脉冲并将接收响应曲线进行平均，减少传输模式中快起伏的影响。主要的探测方法有如下两种。

1. 根据电离图确定最佳的工作频段

设发射的探测脉冲为 $x(t)$，则接收站收到的信号 $y(t)$ 可以表示为

$$y(t) = \int_{-\infty}^{\infty} h(u)x(t-u)\mathrm{d}u \mid_{f_i} 1 \leqslant i \leqslant m \tag{6-1}$$

式中，$h(u)$ 为信道的单位脉冲响应函数；u 为时间变量；f_i 为第 i 个信道频率。

显然，若 $x(t)$ 很接近脉冲特性，则 $y(t)$ 就非常接近 $h(t)$。即当发送的探测脉冲 $x(t)$ 具有足够窄的宽度时，接收机测量的就是每一个信道的线性单位脉冲响应函数 $h(t)$。因此，在被探测的 m 个信道上发送窄脉冲时，在接收端可以得到 m 个信道的脉冲响应。如图 6-2 所示，图中三个坐标分别为频率、传播时延和脉冲响应。

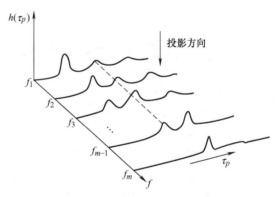

图 6-2　m 个信道脉冲响应示意图

2. 根据测量信道参数确定最佳工作频率

有一些脉冲探测系统，不是利用电离图来确定最佳工作频率范围，而是通过测量信号能量、多径展宽和噪声干扰等信道参数，来计算被测信道与误码率相对应的频率质量等级。其中，信号能量和多径展宽用脉冲探测仪测量，噪声干扰用噪声接收机测量。具体测量方法如下。

（1）信号能量的测量

信号能量的测量是对某一被测信道上收到的信号进行采样，由于采样包含噪声干扰，为确定在一个探测频率上和一组频率上是否真正存在信号，需对采样点进行判别检验。判决方法是以当前信道的噪声干扰平均值作为门限，将采样点与门限值进行比较，若采样点的值大于门限则认为是信号样点，予以保留。否则，将该采样点的值设置为 0。设 A_j 为探测接收机输出脉冲在第 j 个单元内的振幅取样值，N 为测量的当前信道噪声干扰平均值，则判别检验表示为

$$A_j = \begin{cases} A_j & A_j \geqslant NT \\ 0 & A_j < NT \end{cases} \tag{6-2}$$

式中，T 为门限系数。总的信号能量即是将所有采样输出求和即可。

（2）多径展宽的测量

当宽度极窄的脉冲信号输入短波信道后，由于信道的多径效应，信道的输出有多个不同的延时分量。多径散布谱就是表示各延时分量所具有的强度分布。多径散布直接测量比较困难，现在频率实时预报系统中，为了便于实时测量多径传播的参数，将多径散布谱标准偏差

的两倍定义为多径展宽，用 M 表示，即

$$M = 2\sqrt{\frac{\int (\tau - \overline{\tau})^2 Q(t)\mathrm{d}\tau}{\int Q(t)\mathrm{d}\tau}} \tag{6-3}$$

式中，$\overline{\tau}$ 为多径平均延时，$\overline{\tau} = \dfrac{\int \tau Q(t)\mathrm{d}\tau}{\int Q(t)\mathrm{d}\tau}$。

根据 M 的定义，由信道测量所得样本值可按下式计算：

$$M = 2\sqrt{\frac{\sum\limits_{j=1}^{n} A_j (\tau - \overline{\tau})^2}{\sum\limits_{j=1}^{n} A_j}} = 2\sqrt{\frac{\sum\limits_{j=1}^{n} A_j \tau_j^2}{\sum\limits_{j=1}^{n} A_j} - \left(\frac{\sum\limits_{j=1}^{n} A_j \tau_j}{\sum\limits_{j=1}^{n} A_j}\right)^2} \tag{6-4}$$

式中，$\dfrac{\sum\limits_{j=1}^{n} A_j \tau_j}{\sum\limits_{j=1}^{n} A_j}$ 为多径平均延时；τ_j 为抽样波形的抽样延时值；A_j 为抽样延时值对应的多径分量的幅度值。

（3）最大多径延时差的测量

最大多径延时差是指最低模式（最小延时径）与最高模式（最大延时径）的时间差。测量最大延时差，信道测量的取样值仅取 "0" 或 "1" 两个状态，通常为同一模式取样值，间隔许多 "0" 后，又重新出现连 "1"。将所有取样值排在时间轴上，可以清楚看出各种模式的路径延时。选频时，只要探测接收机根据波段内每一探测频率点的取样值，计算出该频率点的最大延时差，并根据规定的多径延时门限，选出门限以下的频率点，通信线路在这些频率上工作时多径延时即可在允许值范围内。

（4）噪声干扰的测量

噪声干扰的测量和信道其他参数测量是相互独立的，可由专门的测量设备完成。噪声干扰的测量方法一般有两种：一种方法是接收机对各频道自动扫描，测量波段内各探测频率点噪声干扰的均值；另一种方法是用频谱监测仪观测干扰分布。

采用测量波段内各探测频率点噪声干扰的均值方法时，在探测信道的两端都备有专用的噪声接收机。在接收端，接收机自动扫描，测量波段内各探测频率点的干扰情况；在发送端，接收机除自动扫描测量各频率点干扰情况外，同时对干扰电平高于门限值的一些探测频率点，在探测频率点中扣除，不予发送。这样，在接收端所收到的探测频率点，实际上已包含了发送端的干扰分布情况。在接收端，由计算机对干扰数据进行处理，因为需要在短时间内选出最佳工作频率，所以对各频率点的干扰的测量时间越短越好。但同时由于短波信道存在时间选择性衰落，若测量时间太短，也不能反映信道的真实干扰情况，需要折中考虑。

频谱监测器观测干扰分布指利用频谱监测器确定通信线路的最佳工作频率。首先，根据被测信道的电离图或最高可用频率和多径延时的预报，确定最佳工作频段；然后，在最佳工

作频段的范围内，利用频谱监测器观测干扰分布的现在状况和历史状况；最后，确定一个无干扰信道的频率，作为通信线路下个时间内的工作频率。

6.4 第二代自动链路建立（2G－ALE）技术

美军标 MIL－STD－188－141A 对第二代短波自动链路建立技术（2G-ALE）进行了详细规定，主要完成链路质量分析、自动扫描接收、自动线路建立以及信道自动切换等功能。

6.4.1 协议与波形

首先介绍一些与第二代自动链路建立相关的基本术语。

1. 探测

第二代自动链路建立技术发送专门探测信号对信道质量进行测量，所测量的信道参数包括误比特率（BER）、信纳德（SINAD）和多径分布情况（MP）。

2. 单呼

单呼是指主呼台对单个目标台发起的呼叫。主呼台首先根据被呼台的地址发起呼叫，即在呼叫信号中携带被呼台的地址；然后在规定的时间内等待被呼台的应答；在接收到应答信号后，立即给被呼台发送确认信号。被呼台收到呼叫信号后立即发出应答信号，并在规定时间内等待主呼台的确认信号，当被呼台收到确认信号后，通信双方成功建立通信链路，转入业务传输阶段。

3. 网呼

网呼是指网内成员台对本网内其他成员台发起的呼叫。主呼台首先在网络地址上发起网络呼叫，即在呼叫信号中携带网络地址；然后在规定时间内等待其他各成员台的应答；在接收到应答信号，且应答时间结束后，给各成员台发送确认信号。各成员收到网络呼叫后，按照先后顺序依次发出应答信号，并在规定的时间内等待主呼台的确认信号，当目标台收到确认信号后，网络内的通信链路便建立了。若某成员台未给出应答，主呼台仍可以与其他应答的成员台建立通信链路。

4. 全呼

全呼是一种广播式的呼叫，它不指明任何特定的被呼台地址，也不要求响应。它用于紧急情况（如 SOS）、探测型数据交换以及连通性跟踪等方面。全呼是一个特殊的地址 "@？@"，收到全呼的成员台也不需要对主呼台做出应答。

2G－ALE 技术采用低速的 8FSK 信号，通过增大码元周期的方式用来克服多径时延引起的码间串扰。具体的参数规定参见 MIL－STD－188－141A。8FSK 信号具有恒定的包络，信号的峰平功率比较小，具有受短波信道的衰落速率影响相对较弱、工程实现简单等优点。2G－ALE 标准字由指定 24bit 信息组成，表示方法如图 6-3 所示。ALE 标准字分为四部分：一个 3bit 的字头、三个 7bit 字符，高位首先发送。

2G－ALE 标准字的前 3bit 为字头，用来识别 8 种不同的 2G－ALE 字。由不同字头区分的不同协议数据单元（PDU），分别完成建链过程中的信道探测、报文传输、信令交互等功能。在发送时，首先进行 FEC 编码和填充交织形成 49bit 的基本信息字，然后进行 3

倍冗余后发送。在接收时可以对当前码元和过去的码元，在三个ALE字的范围内进行2/3大数判决，可以起到时间、频率分集的二重效果，减小短波信道中衰落、干扰和噪声的影响。

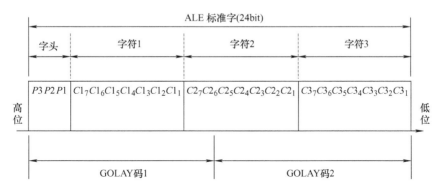

图6-3 2G-ALE标准字结构

6.4.2 链路建立过程

2G-ALE建链过程一般通过三次握手完成，包含呼叫过程、应答过程和确认过程，如图6-4所示。由于被呼台处于扫描状态，主呼台需要在选定的信道上呼叫足够长的时间，以保证处于扫描接收状态的被呼台能侦听到呼叫信号。收到呼叫后，被呼台发出一个应答信号，表明正确接收到主呼台的呼叫信号。主呼台收到应答信号后，发送一个确认信号，完成链路建立过程。通信结束后，由主呼台或被呼台发送一个拆链信号，拆除链路，双方重新回到扫描状态。

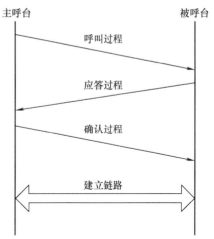

图6-4 链路建立的三次握手过程

1. 链路质量分析（LQA）

电台在扫描时，可以人工或定时发起LQA探测，具体分为单向LQA和双向LQA两种方式。LQA矩阵一般与台站号关联，包含发送信道LQA值（对方接收信道质量）和接收信道LQA值。

单向LQA的流程如下：发起方在扫描组内的每个频率上依次发送一个无须应答的呼叫信号。接收方收到呼叫信号后，更新其LQA矩阵中与该主呼台关联的接收信道分值，如图6-5所示。

双向LQA与呼叫建链流程基本相同，只是第三次握手时，主呼台发送一条拆链信号，然后双方都更新当前与台站关联的双向信道LQA值，如图6-6所示。

2. 呼叫信道选择

2G-ALE规定由主呼台依据LQA值确定呼叫信道的顺序，并从最优频率开始发起呼叫。LQA值越小，对应的信道质量越好。由于主呼台到被呼台的信道和被呼台到主呼台的信道可能存在不对称性。因此，信道排序时要综合考虑双向链路 LQA 值的总分值及双向链路分值差。

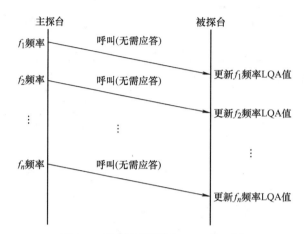

图 6-5　单向信道探测（LQA）过程

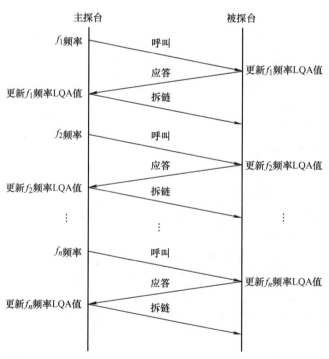

图 6-6　双向信道探测（LQA）过程

3. 扫描呼叫重复次数的确定

以扫描组内包含 10 信道，扫描速率为 2 信道/s 为例，呼叫信号至少需要持续 5s 以上，才可以保证处于扫描状态的被呼台能够侦听到呼叫信号。此时，用于扫描侦听的呼叫重复次数为 5000ms/392ms，向上取整即重复 13 次。

4. 呼叫流程

呼叫流程如图 6-7 所示。主呼台首先选 LQA 矩阵中的最优信道，进行呼叫。如果在该信道上未能建立链路，则选择次优信道，重新进行呼叫。若还是无法建立链路，则依次对可用的信道进行如上操作。在发起呼叫前，需要对信道进行"发前侦听"，若信道已占用，则选择下一个信道。

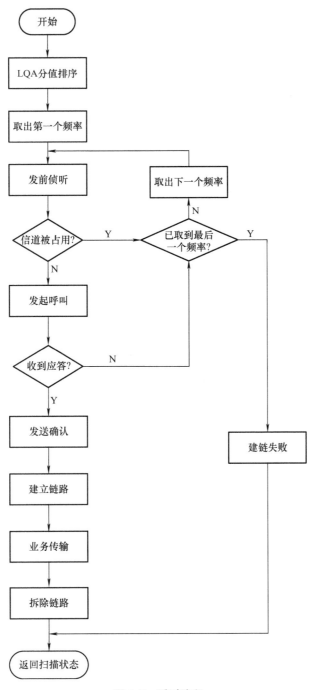

图 6-7　呼叫流程

如果呼叫前没有可用的 LQA 数据，则先启动双向 LQA 探测。获得 LQA 矩阵值后，再进行呼叫。

6.4.3 2G–ALE 链路质量分析

在链路自动建立过程中，一项重要工作就是通过链路质量分析（LQA），获得信道质量的归一化值，并将其存储在 LQA 矩阵中供后续信道选择时参考。因此链路质量评估算法会直接影响到最优频率的选择。

信道质量的评估一般可采用误比特率测量方法，其基本思想是利用 2/3 大数判决时的差错统计来反向推出信道误码率，这种方法的特点是在低信噪比情况下对信道的评估比较准确。

具体的实现方法如下：由于每个信息字被连续冗余发送三次，在接收端进行大数判决时，将这三个信息字的对应位进行比较，当三个接收比特完全相同则认为该位没有出错，若有一个不同，则认为该位出现错误，并将错误标志置 1，在对 49bit 均进行判决后，统计总的错误标志个数，以此推算出当前 ALE 字的误码率，在完成了一帧的接收后，统计得到信道误码率。

下面具体分析错误标志个数与误码率的对应关系，设 2/3 大数判决的错误计数为 E_c，误码率为 P_b，译码前冗余比特记为 C_i^j，$j=1$，2，3；$i=1$，2，$\cdots$，49。

1. $E_c=1$ 时

出现一个错的概率为 $P_b^3 + C_3^1 P_b(1-P_b)^2 + C_3^2 P_b^2(1-P_b)$，忽略第一项（3 个冗余比特全错），则有

$$\frac{C_3^1 P_b(1-P_b)^2}{C_3^1 P_b(1-P_b)^2 + C_3^2 P_b^2(1-P_b)} \times \frac{1}{144} + \frac{C_3^2 P_b^2(1-P_b)}{C_3^1 P_b(1-P_b)^2 + C_3^2 P_b^2(1-P_b)} \times \frac{2}{144} = P_b \quad (6\text{-}5)$$

可得，$P_b \approx 0.006993$。

2. $E_c=2$ 时

出现两个错的概率为

$$\begin{aligned}
&P_b^3 \times \left[P_b^3 + C_3^2 P_b^2(1-P_b) + C_3^1 P_b(1-P_b)^2 \right] + \\
&2C_3^2 P_b^2(1-P_b) \times \left[C_3^2 P_b^2(1-P_b) + C_3^1 P_b(1-P_b)^2 \right] + \\
&C_3^1 P_b(1-P_b)^2 \times C_3^1 P_b(1-P_b)^2
\end{aligned} \quad (6\text{-}6)$$

忽略高次项，仅考虑 $C_3^2 P_b^2(1-P_b) \times C_3^1 P_b(1-P_b)^2$ 项（两个编码位，分别错 2bit 和 1bit）、$C_3^1 P_b(1-P_b)^2 \times C_3^1 P_b(1-P_b)^2$ 项（两个编码位，都分别错 1bit），则有

$$\frac{1-P_b}{1+P_b} \times \frac{2}{144} + 2 \times \frac{P_b}{1+P_b} \times \frac{3}{144} = P_b \quad (6\text{-}7)$$

可得，$P_b \approx 0.01409$。

当 E_c 为其他值时，可以按照上述的思路类推，得出对应的误码率 P_b，在此就不再赘述，由此可得到错误标志个数与误码率的对应关系。

MIL–STD–188–141A 中给出了见表 6-1 的误码率和 LQA 值的关系。其中，LQA 的值以五位二进制数表示，从 00000 ~ 11110，对应的误码率为 0 ~ 0.3。当 LQA 值为 0 时，信道质量最高；LQA 值为 30 时，信道质量最低；LQA 值为 31 时，表示信道未测量。

表 6-1 误码率和 LQA 值的关系

2/3 大数判决计数	LQA 值	实际 BER
0	00000	0.0
1	00001	0.006993
2	00010	0.01409
3	00011	0.02129
4	00100	0.02860
5	00101	0.03602
6	00110	0.04356
7	00111	0.05124
8	01000	0.05904
9	01001	0.06699
10	01010	0.07508
11	01011	0.08333
12	01100	0.09175
13	01101	0.1003
14	01110	0.1091
15	01111	0.11181
16	10000	0.1273
17	10001	0.1368
18	10010	0.1464
19	10011	0.1564
20	10100	0.1667
21	10101	0.1773
22	10110	0.1882
23	10111	0.1995
24	11000	0.2113
25	11001	0.2236
26	11010	0.2365
27	11011	0.2500
28	11100	0.2643
29	11101	0.2795
30	11110	0.3
31	11111	无效值

6.5 第三代自动链路建立（3G－ALE）技术

6.5.1 协议与波形

第二代短波自适应技术为短波通信提供了稳定、可靠并可互操作的短波链路。到 20 世纪 90 年代中期，2G－ALE 的不足开始逐渐凸显，如建链时间偏长、建立波形与调制解调器波形不是同一系列、兼容性不够好等，于是开始了 2G－ALE 的改进工作。另外，随着信息技术与军事技术的发展，短波网络应用的增加，使人们对短波自适应技术提出了更高的要求，要求短波通信系统具有更高可靠性和更大容量。因此，诞生了以美军标 MIL－STD－188－141B 为规范参考的第三代自适应技术。目前，支持 3G－ALE 的短波通信系统已经在世界范围内广泛应用。

图 6-8 给出了 3G－ALE 协议族中各协议间的相互关系，其中包括高频子网络层和更高层、会话层管理、数据链路层和物理层。连接管理（3G－ALE）协议、业务管理（TM）协议、数据链路（HDL、LDL）协议和电路连接管理（CLC）协议，这系列协议形成了相互依赖的 3G 高频协议族。

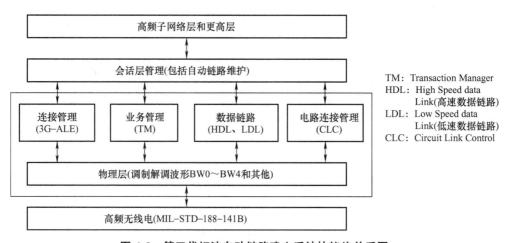

TM：Transaction Manager
HDL：High Speed data Link(高速数据链路)
LDL：Low Speed data Link(低速数据链路)
CLC：Circuit Link Control

图 6-8　第三代短波自动链路建立系统协议族关系图

相对第二代短波自动链路建立系统，第三代短波自动链路建立系统进行了许多改进，主要体现在：更快的链路建立、可在更低信噪比情况下建链、提高了信道利用率、自适应控制和数据业务使用了同一类的波形、有更高的吞吐量、更好地支持因特网协议和应用。带来以上性能改进的新技术包括：采用 PSK 调制解调方式、呼叫信道的同步扫描、将各站划分为驻留组、呼叫和业务信道分离、带有呼叫优先权的多时隙信道接入和载波监听多点接入/冲突避免的信道接入规程等。

第三代短波自动链路建立系统将呼叫信道和业务信道分离，在系统正常工作时，呼叫信道保持相对的空闲，而业务信道却可进行大规模的数据传输。保证数据传输的高效率和快速的建链。当然，信道分离也会带来一定的系统开销，主要表现在需要额外确定业务信道的传输特性，以及在业务信道上进行数据传输前仍要进行发前听。

第三代短波自动链路建立系统中，台站地址为 11bit，其中低 5 位为台站的驻留组号，高 6 位为台站在该驻留组内的成员号。成员号 111100 ~ 111111（地址范围 11110000000 ~ 11111111111）供呼叫入网台站临时使用，不分配给任何台站。组播地址长度为 6bit，仅在组播呼叫中使用。

第三代短波自动链路建立系统可在同步模式或异步模式下工作。同步模式要求各个台站按时间基准保持同步的机制，所有台站间的最大时间差不超过 50ms。异步模式的工作方式与第二代短波自动链路建立系统类似，系统以每秒至少 1.5 个信道的速率扫描呼叫信道。

在同步模式下，系统每 5.4s 扫描 1 个信道，即在每个信道上停留 5.4s 时间。网络管理者将台站分配给一个驻留组。每个驻留组按下式在驻留周期内监听不同信道。

$$D = (T/5.4 + G) \bmod C \tag{6-8}$$

式中，D 为驻留信道号；T 为网络时间（从午夜计起的秒数）；G 为驻留组号；C 为扫描列表中信道数（呼叫信道数）。

在同步模式下，第三代短波自动链路建立系统中每个电台都按其所属的驻留组计算所驻留的信道。主呼台发起呼叫时，也根据这一规则计算被呼台当前的驻留信道，确定呼叫频率，有效降低了呼叫持续时间。

第三代短波自动链路建立和后续的业务数据传输都采用了 PSK 波形。在 AWGN 信道和衰落信道下，其波形性能比第二代自动链路建立技术提高 6 ~ 9dB。第三代短波自动链路建立协议中，使用了表 6-2 中的 BW0 ~ BW4 共 5 种不同的突发波形，这些突发波形都采用 8PSK 调制，载波频率为 1800Hz，码元速率为 2400 符号/s，分别传输自动链路建立、业务管理、数据传输等不同工作阶段使用的多种协议数据单元（PDU, Protocol Data Unit）。

表 6-2　波形特性一览表

波形	使用场合	延续时间	净荷/bit	同步头	前向纠错编码	交织	数据格式	有效码率
BW0	链路建立 PDU	613.33ms，1472 个 PSK 符号	26	160.00ms，384 个 PSK 符号	$R=1/2$, $k=7$ 的卷积码（无刷新比特）	4×13	16 进制正交 Walsh 函数	1/96
BW1	业务管理 PDU/高速数据业务确认 PDU	1.30667s，3136 个 PSK 符号	48	240.00ms，576 个 PSK 符号	$R=1/3$, $k=9$ 的卷积码（无刷新比特）	16×9	16 进制正交 Walsh 函数	1/144
BW2	高速数据业务传输数据 PDU	$640 + n \times 400$ms，$1536 + n \times 960$ 个 PSK 符号，$n = 3$、6、12 或 24	$n \times 1881$	26.67ms，64 个 PSK 符号（用于均衡器训练）	$R=1/4$, $k=8$ 的卷积码（7 个刷新比特）	无	32 未知/16 已知	可变，$1/1 \sim 1/4$
BW3	低速数据业务传输数据 PDU	3.70667s，8896 个 PSK 符号	$8n + 25$	266.67ms，640 个 PSK 符号	$R=1/2$, $k=7$ 的卷积码（7 个刷新比特）	卷积块	16 进制正交 Walsh 函数	可变，$1/12 \sim 1/24$
BW4	低速数据业务确认 PDU	640.00ms，1536 个 PSK 符号	2	无	无	无	4 进制正交 Walsh 函数	1/1920

图6-9给出了部分重要协议数据单元（PDU）格式，传输顺序从左到右。

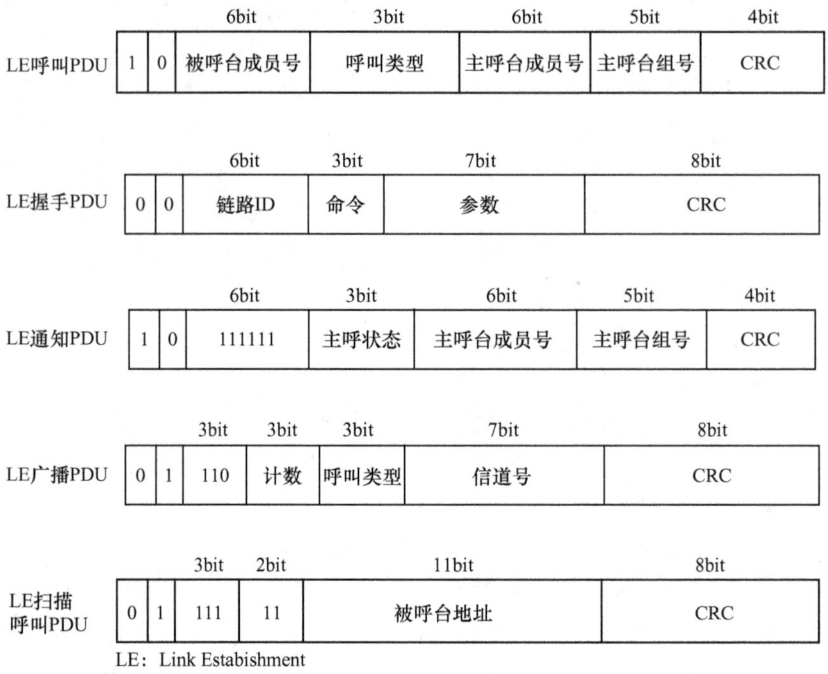

图 6-9 3G－ALE PDU 格式图

LE呼叫PDU

		6bit	3bit	6bit	5bit	4bit
1	0	被呼台成员号	呼叫类型	主呼台成员号	主呼台组号	CRC

LE握手PDU

		6bit	3bit	7bit	8bit
0	0	链路ID	命令	参数	CRC

LE通知PDU

		6bit	3bit	6bit	5bit	4bit
1	0	111111	主呼状态	主呼台成员号	主呼台组号	CRC

LE广播PDU

		3bit	3bit	3bit	7bit	8bit
0	1	110	计数	呼叫类型	信道号	CRC

LE扫描呼叫PDU

		3bit	2bit	11bit	8bit
0	1	111	11	被呼台地址	CRC

LE：Link Estabishment

1. LE 呼叫 PDU

LE 呼叫 PDU 一般为呼叫中主呼台发出的第一个 PDU，它包含了被呼台成员号、呼叫类型、主呼台成员号和主呼台组号。被呼台可以根据这些信息来判断是否需要做出响应以及所要求的业务信道质量。

2. LE 握手 PDU

被呼台通过 LE 握手 PDU 对接收到的 LE 呼叫 PDU 进行响应，其中链路 ID 根据主呼台地址和被呼台地址计算得到，命令字段携带的信息类型包括继续握手、开始建立业务、话音业务、链路释放、同步检测和终止握手。参数字段给出了具体的原因，即无应答、拒绝、无业务信道和低质量。

3. LE 通知 PDU

LE 通知 PDU 用于台站状态通知、探测以及同步模式通知和异步模式通知。台站在出现状态发生变化或周期性的定时器提示通知时，广播 LE 通知 PDU。在同步模式下，LE 通知 PDU 在驻留帧的最后一个时隙发送。发送前需对信道进行监听，准备发送 LE 通知 PDU 的台站监听时隙，若监听到业务或握手过程的第 1 个 PDU 则延迟发送。在异步模式下，台站进行发前听，若信道空闲，则连续发送多个 LE 通知 PDU。

4. LE 广播 PDU

LE 广播 PDU 用于同步模式的广播呼叫。呼叫类型字段定义了发送业务的类型：模拟话音电路、调制解调电路、高性能电路或 ARQ 分组数据。

5. LE 扫描呼叫 PDU

LE 扫描呼叫 PDU 用于异步模式的扫描呼叫。

6.5.2　链路建立过程

1. 3G - ALE 同步建链模式

3G - ALE 可工作在同步模式下，也可以工作在异步模式下，但只有工作在同步模式下时，链路建立速度才能大大提高，才能发挥它的最高效率。在此主要讨论同步模式的情况。

将网络成员分成几个组，每组在一个扫描驻留时间内监听不同的信道，对网络成员的呼叫将会在频率或时间上分散。这使得在高业务量条件下 3G - ALE 呼叫信道的拥塞概率大大降低。在同一时刻监听相同信道的组叫作驻留组。

同步模式下，在每个信道的驻留时间为 5.4s。这 5.4s 被分为 6 个 900ms 的时隙，如图 6-10 所示。

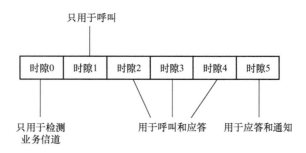

图 6-10　同步驻留结构

（1）扫描

开始工作以后，系统中的台站会按照预先设置的信道列表顺序不断地扫描各个信道，等待 2G 或 3G 台站的呼叫，直到被呼或呼叫别的台站才会离开扫描状态。根据网络时间，台站在每个驻留时间的时隙 0 调谐到将要扫描的呼叫信道并监听业务信道的占用情况，在其他时隙等待呼叫或者呼叫别的台站。信道扫描顺序没有按照频率单调递增的顺序来设计，这样做的目的也是为了提高链路建立的成功率。如果当前的信道条件太恶劣而不能满足通信的要求，则希望下一次选择一个较好的信道，由于频率相近的信道有相似的信道质量，所以扫描频率应该尽可能错开。例如，使用的扫描频率为 3MHz、4MHz、5MHz、6MHz、8MHz、10MHz、11MHz、13MHz、18MHz 和 23MHz，则扫描的顺序可以是 3MHz、6MHz、11MHz、23MHz、5MHz、10MHz、18MHz、4MHz、8MHz、13MHz。

（2）同步模式单呼

单呼是一对一的链路建立过程，由被呼叫方快速地提供一个可用的业务信道，并在链路建立过程中使呼叫信道占用时间减到最小。当一个主呼台站在时隙 0 收到上层要求建立通信链路的命令，将执行以下的操作：

1）根据呼叫优先级选择一个发送时隙。

2）在时隙 0 的剩余时间监听所有相关的业务信道。

3）如果所选发送时隙不是时隙 1，只在发送时隙的前一个时隙监听呼叫信道的占用情况。

4）根据监听结果，如果确信发送时隙被其他台站的 LE 握手 PDU 占用，则重新选择发送时隙推迟发送；否则发送 LE 呼叫 PDU。

如果在时隙 0 以外的其他时隙收到链路建立命令，将执行以下操作：

1）根据呼叫优先级选择一个时隙，并加上当前时隙得到预期的呼叫时隙；如果超出了时隙的范围，呼叫将被推迟到下一个驻留时间；否则在发送时隙的前一个时隙监听呼叫信道的占用情况。

2）根据监听结果，如果确信发送时隙会被其他台站的 LE 握手 PDU 占用，则重新选择发送时隙推迟发送，否则发送 LE 呼叫 PDU。

当一个台站收到呼叫自己的 LE 呼叫 PDU，就在下一个时隙发送一个 LE 握手 PDU 应答，该 PDU 的指令和参数应包含以下信息之一：终止呼叫、指定一个业务信道、继续握手。

主呼台站根据收到的 LE 握手 PDU 中的链路 ID（LinkID）来判断该 PDU 是否来自被呼台站。如果被呼台站找到一个可用的业务信道，则双方台站将调谐到业务信道，进入 TM 阶段，链路建立完成。如果呼叫台站没有收到 LE 握手 PDU，则会进入下一个呼叫信道继续呼叫。图 6-11 给出了点对点单呼链路建立的具体过程。

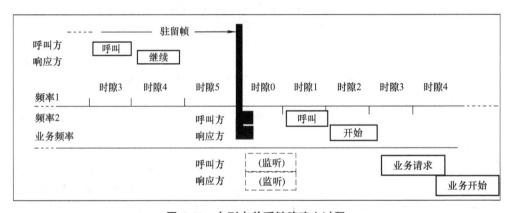

图 6-11　点到点单呼链路建立过程

（3）同步模式选呼

同步模式选呼也是一种一对一的链路建立过程，但要求由主呼台站指定一个业务信道。具体的过程如下：

1）主呼台站发送 LE 呼叫 PDU 和同步模式单呼相同，但呼叫类型设为选呼。被呼台站收到后不需要应答。

2）主呼台站在下一个时隙发送 LE 握手 PDU，并指定一个业务信道。

3）被呼台站收到 LE 握手 PDU 后，根据其中携带的内容进行对应的操作。若主呼台站要求开始业务建立，就调谐到指定的业务信道，并监听数据业务；若主呼台站要求话音业务，被呼台站就调谐到相应的业务信道并准备通话；若在规定时间内指定的业务并没有开始，被呼台站将返回到扫描状态。

4）主呼台站发送 LE 握手 PDU 后，就调谐到指定的业务信道，选呼链路建立完成，进入业务管理阶段。

（4）同步模式多呼

多呼是一个主呼台站和所选择的多个台站进行通信而进行的链路建立过程。主呼台站可以和所选择的多个台站同时连接，并指定一个业务信道进行业务通信。具体的过程如下：

1）主呼台站发送的 LE 呼叫 PDU 和单呼相同，但呼叫类型为多呼，地址是被呼台站的多呼地址。被呼台站收到后不需要应答。

2）主呼台站在下一个时隙发送 LE 握手 PDU，指定一个业务信道，并根据多呼地址计算链路 ID（LinkID）。

3）被呼台站收到 LE 握手 PDU 后，根据其中携带的内容进行对应的操作。若主呼台站要求开始业务建立，就调谐到指定的业务信道，并监听数据业务；若主呼台站要求话音业务，被呼台站就调谐到相应的业务信道并准备通话；若在规定时间内指定的业务并没有开始，被呼台站将返回到扫描状态。

4）当要连接的多呼台站分布于多个驻留组时，主呼台站要重复发送 LE 呼叫 PDU 和 LE 握手 PDU，并选择定时发送以减小呼叫信道的占用，同时增大被呼台站接收的概率。

5）发送完最后一个 LE 握手 PDU 后，主呼台站将调谐到指定的业务信道，多呼链路建立完成，进入业务管理阶段。

（5）同步模式广播

广播呼叫将为网络中所有的台站指定一个特殊的业务信道，然后在该业务信道上开始广播消息，主要用来传输网络中的一些公共信息。台站进行广播呼叫时，一般在一个驻留时间的每个时隙（除了时隙 0）发送 LE 广播 PDU，也可以每个时隙都改变频率调谐到下一个呼叫信道并尽快地呼叫下一个驻留组中的台站。在发送之前，主呼台站同样要监听信道是否被占用。对于最高优先级的广播，也可以忽略信道的占用情况，在一个驻留时间的每一个时隙都发送 LE 广播 PDU。

收到 LE 广播 PDU 的台站，按照其中指定的广播业务开始时间，调谐到指定的广播信道上，准备监听广播业务。如果在规定的时间没有开始广播业务，接收台站将返回到扫描状态。

每更换一个呼叫信道，LE 广播 PDU 中的递减计数要减 1。当呼叫台站发送完即递减计数为 0 的最后一个 LE 广播 PDU 后，在紧接着的下一个驻留时间调谐到指定的业务信道，并开始进入业务管理阶段，广播呼叫链路建立成功。

2. 3G - ALE 异步建链模式

3G - ALE 的异步建链模式基本沿用了 2G - ALE 的扫描呼叫方式，即延长呼叫时间，便于被呼方的信号侦听。主呼方在其所选择的信道上重复发送特定的扫描呼叫 PDU，在被呼方侦听到信号、停止扫描并正确接收呼叫 PDU 后，转入和同步模式相类似的正常建链流程。如何实现对扫描呼叫 PDU 的快速识别是异步建链模式的一个难题。

扫描呼叫 PDU 和呼叫 PDU 相同都采用 BW0 波形。BW0 波形长度为 613.333ms，其中包含 106.667ms 的 TLC/AGC 段，在重复发送 BW0 波形时无须再次发送 TLC/AGC 段，如图 6-12 所示。

其中 TLC/AGC 段和同步头段均为特定的伪随机序列。在数据段采用 16 进制 Walsh 码调制，即每 4bit 映射长度为 64 的扩频序列，并使用长度为 64 的伪随机序列进行扰码。

与 2G - ALE 相同，在异步建链方式下，接收端的扫描速率决定整个建链时间。从

图 6-12 中可以看出，扫描呼叫重复部分包括同步头和数据，其持续时间为 506.667ms。在扫描接收时，如果对同步头和数据进行完整的接收，则在每个信道上要驻留 666.667ms，才能保证截获到 BW0 同步头。所以一般情况下，扫描速率推荐值为 1.5 信道/s。为了进一步提高建链速度，必须加快信道扫描速度。所涉及的关键技术是对扫描 PDU 的快速识别，减小在每个信道上的侦听时间，加快扫描速度。

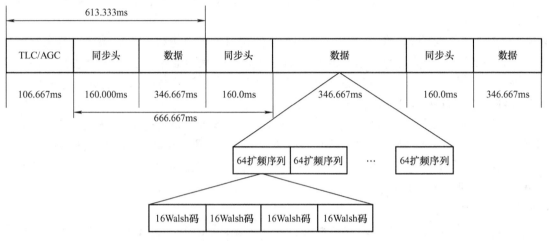

图 6-12　异步建链模式下扫描呼叫 PDU 的格式

6.6　新一代自动链路建立技术

短波通信的最大难题是选频问题，其核心是频率自适应技术。围绕如何选频、用频，与频谱感知紧密结合是下一代自动链路建立技术的发展方向。本节提出了一种基于频谱感知的信道实时探测与自动链路建立紧密结合的机制，通过实时频谱感知技术获取可用频率；通过宽带的信号快速侦听技术实现快速建链；通过时分码分相结合的信道接入策略规避实时选频可能导致的信号碰撞问题。

6.6.1　实时频谱感知技术

第二代和第三代自动链路建立技术以短波信道实时探测得到的优选频率信息为基础，编制可用的工作频率组，并在相对固定的工作频率组内实时选频，自动建立通信链路。其存在的主要问题是：信道实时探测系统和实际通信系统相互独立，交互信息不及时；在特定条件下甚至无法进行信息交互，导致在实际通信时，使用的频率不再是实时的优选频率。

随着短波通信技术的发展，尤其是高速 DSP 和大规模 FPGA 技术的飞速发展，信道实时探测系统与短波通信系统的紧密结合成为可能。

在新的短波通信系统中，可以将基于频谱感知的信道实时探测与自动链路建立紧密结合，其实时选频策略如下：

1）基于地理信息的频率中长期预报：借助导航定位信息确定通信双方的位置和距离，利用长期频率预测值分时段选取可用的频率范围。

2）基于频谱感知的本地噪声分析：采用 FFT 变换和循环谱分析技术，实时监测和处理本地噪声和干扰情况，屏蔽部分干扰严重的频点。

3）单向频率侦听分析：接收目标台站和已知地理位置的广播电台信号，采用单向信号侦听技术，分析短波信道的传播特性，优选出备用的频率组。

4）双向的频率探测：通过定时或人工方式启动对目标台站的双向频率探测，获取最直接可信的信道质量信息。

5）基于记忆的用频信息处理：对所有可能的目标台站建立频率 LQA 矩阵库，并依据当前探测结果和历史信息更新 LQA 矩阵库，为后续合理选频提供依据。

其通信流程如图 6-13 所示。

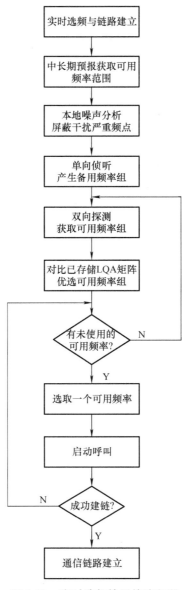

图 6-13　实时选频的通信流程图

这种实时选频和自动链路建立相结合的通信系统，其频率现选现用，可以最大限度地发挥实时选频的优势，但在技术实现上存在一定困难。其主要原因是：在实施通信时可用频率组是由主呼台优选的，而被呼台并不知晓，也无法告知，所以被呼台需要具备快速侦听能力，及时侦听到主呼台的呼叫信号。

6.6.2　基于快速侦听的建链技术

第二代和第三代自动链路建立技术虽然也称为频率自适应技术，但其实际上是狭义的频率自适应，是在固定的工作频率组内的频率自适应。当其固定的工作频率组无可用频率时，同样还会造成通信链路建立失败。6.4.1节提出的实时频谱感知技术虽然可以实现广义的频率自适应，但需要短波通信系统具备对已知通信信号的快速侦听能力。

对通信信号的快速侦听能力直接影响链路建立的速度。当接收端对通信信号分析速度为1MHz/s时，分析整个短波频段需要30s。此时，为了保证接收端能收到呼叫信号，主呼台的呼叫信号至少要持续30s以上。假定试探10个频率才能建立链路，则需要300s时间，显然建链速度偏慢。当接收端对通信信号分析速度提高到10MHz/s，分析整个短波频段只需要3s。同样假定试探10个频率后建立链路，此时仅需要30s时间，建链速度明显提高。

下面以10MHz/s的分析速度为例，给出一种系统实现方案。

（1）信号截获扫描速度的确定

目前由于用户数据传输波形可以在信噪比为 $-6dB$ 的情况下实现有效的数据传输，所以其链路建立波形至少应具备相同的传输性能。BW0波形可以满足以上要求，并且仿真表明，联合两个码长为 $k=64$ 扩频码，即可完成信噪比为 $-6dB$ 情况下的信号截获。要完成两个完整扩频码截获，侦听时长要大于3个扩频码时长，即80ms。考虑到AGC调整时间，每信道侦听时间取100ms，因此，扫描速度为 $c=10$ 信道/s。

（2）分析带宽的确定

要实现10MHz/s的分析速度，对于10信道/s的扫描速度，其分析带宽为 $B=1MHz$。

（3）信号分析间隔

对于码长为64的扩频码，要实现正确解调其频偏误差要小于9.375Hz，此时在一个扩频码长内由频偏引起的角度偏移小于90°，其解扩幅度为理想情况下的91%。因此，选择信号分析间隔 $\Delta f=18.75Hz$，可满足最大剩余频差小于9.375Hz的要求。

6.6.3　时分码分相结合的信道接入策略

基于实时频谱感知的自动链路建立，与基于固定频率组工作方式相比，存在更为严重的冲突和碰撞问题。基于时分码分相结合的信道接入策略可以很好地解决这个问题。

（1）基于时分与码分相结合的信道接入

对于载波侦听（CSMA）竞争接入机制，在发送数据之前，台站首先对信道进行监听。如果信道被占用，则推迟到下一个时隙再次监听。CSMA竞争接入机制不能从根本上解决碰撞冲突问题，尤其在台站用户数多的情况下，碰撞的可能性更大。时分机制（TDMA）则可以有效地避免碰撞。因此在具备同步的条件下，采用TDMA接入机制进行建链是一种可行的技术途径。

TDMA 接入机制将传输的时间周期性地分成互不重叠的时隙，一个重复周期定义为一帧，每个信道对应一个时隙。虽然 TDMA 接入机制可以有效地避免碰撞，但在业务量不均衡时，会导致时隙的浪费，造成系统的整体效率降低。为了进一步提高网络容量，可采用时分（TDMA）与码分（CDMA）相结合的接入机制。

时分码分相结合的信道接入策略首先在物理层预先为各个台站进行编码处理，分配台站所属的呼叫与应答时隙，同时也为每个台站分配台站扩频识别码。根据业务量的需要，在同一时隙时间内可允许多个台站进行呼叫或应答，应答时隙与呼叫时隙对应分配，时隙划分和台站的分配示意图如图 6-14 所示。

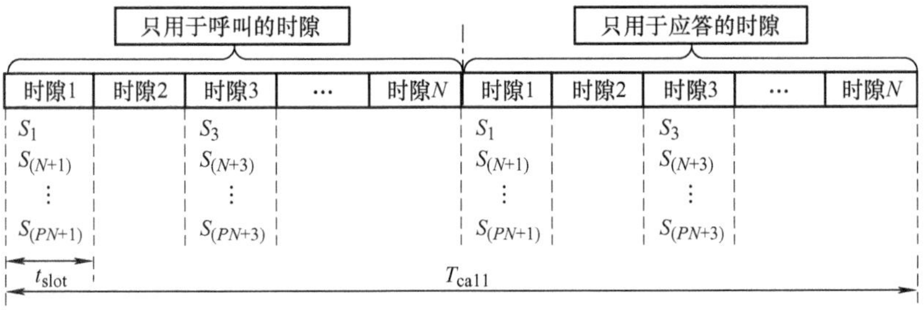

图 6-14　时分码分相结合的机制

从图 6-14 中可以看出，每个台站 S 仅用两个时隙即可完成握手。台站 S 在属于自己的呼叫时隙内发起呼叫，在对应的应答时隙进行应答。利用台站扩频识别码的完全正交性，在同一时隙中可以允许多个相互正交的台站在同一频率上同时呼叫。例如 S_1 和 $S_{(N+1)}$ 的台站扩频识别码相互正交，可以在同一个时隙内同时工作。

（2）时隙分配算法

采用时分码分相结合的信道接入策略需要进行预先的网络规划和时隙划分，网络中每个台站需分配一个时隙与一个台站扩频识别码。假设网络总共有 M 个台站，每个时隙的台站容量为 C，即允许 C 个台站同时发起建链呼叫。具体的时隙与台站扩频识别码分配方法如下：

1）确定时隙长度 t_{slot}：时隙长度可以依据波形的传输速率和呼叫 PDU 的长度计算，也可以依据码元速率和 PDU 的长度做相应的修改，现取 $t_{slot} = 600ms$。

2）确定时隙数目 m：
$$m = \begin{cases} \left[\dfrac{M}{C}\right] & M \bmod C = 0 \\ \left[\dfrac{M}{C}\right] + 1 & M \bmod C \neq 0 \end{cases}$$
帧长度 $T_{call} = 2mt_{slot}$，包括呼叫部分和应答部分。

3）确定台站的时隙：由于存在多个台站共用一个时隙，可以利用台站呼叫业务量的先验信息，把业务量大和业务量小的台站分配在同一时隙中，均衡各个时隙的业务量，也可以采用随机分配的策略。

4）确定台站的扩频识别码：依据台站扩频识别码生成算法产生长度为 mC 的扩频码，对于分配到同一时隙中的台站，选择 C 个扩频码依次分配给指定的台站。

思考题

1. 请分别简要说明短波第二代和第三代自动链路建立技术的功能。

2. 短波频率自适应系统按照功能可以分为哪两类？

3. 请详细解释实时信道估值技术的基本概念。

4. 短波自适应通信的基本功能有哪些？

5. 第三代短波自动链路建立系统协议分哪几个方面？请画出这些协议间的相互关系及与 3G HF 系统协议组的关系图。

6. 请列举至少三种新一代自动链路建立的关键技术。

第7章

短波抗干扰数据传输技术

7.1　概述

短波通信信道条件恶劣，信道特性随时间快速复杂变化；同时，短波信道的开放性，导致了通信干扰严重。

（1）多径干扰严重

短波信道是一个多径衰落信道，其多径时延可达 5ms。多径干扰会引起数据传输过程中的码间串扰和频率选择性衰落，导致接收信号起伏不定，严重影响通信质量。

（2）信道时变

短波通信依靠电离层反射进行通信，而电离层具有不稳定的多层结构，导致多径分布具有时变性。同时，电离层的快速变化会导致多普勒频移和多普勒扩展，引起短波接收信号失真。这种失真也是时变的，进一步加剧了短波信道的时变性。

（3）干扰复杂

短波通信中存在严重的干扰，主要包括自然干扰、电台互扰和有意干扰。

自然干扰主要包括工业干扰、太阳磁暴干扰和天电干扰。工业干扰主要来自于各种电气设备、电力网和打火设备；太阳磁暴干扰主要由太阳的强烈耀斑引起；天电干扰由大气中雷雨云放电产生，主要表现为突发性脉冲干扰。

电台互扰是指和本电台工作频率相近的其他无线电台的干扰，包括杂散干扰、互调干扰和阻塞干扰。由于远距离传播的特点，从短波接收机的角度来看，会有更多的远方电台信号传播过来，形成严重的互扰。

有意干扰是指敌方有意释放的干扰，主要包括跟踪干扰、部分频带阻塞干扰和欺骗回放干扰等。由于短波信号传输距离远，因而极易被远距离侦听并实施远程干扰。

由于短波信道特性的不理想，在传统窄带调制的短波数据传输系统中，即使传输速率只有几十比特/秒，信道误码率也高达 $10^{-3} \sim 10^{-2}$ 的数量级。为了实现有效可靠的短波数据传输，人们采用了很多措施改善信道本身的时变色散特性和抗干扰性能，提高信号传输质量。

本章将内容聚焦在扩频技术上，当然由于每种单一的抗干扰技术都有其脆弱性和局限性，为了获得稳健的抗干扰性能，通常要采用多种方式混合的综合抗干扰技术。

7.1.1　发展历程

　　扩频技术的最初构想是在第二次世界大战期间形成的。在战争后期，干扰和抗干扰技术成为决定胜负的重要因素。战后得出了"最好的抗干扰措施就是好的工程设计和扩展工作频率"的结论。真正实用的扩频通信系统是在 20 世纪 50 年代中期发展起来的。麻省理工学院林肯实验室开发的扩频通信系统——F9C‐A/Rake 系统被公认为第一个成功的扩频通信系统。第一个跳频扩频通信系统 BLADES 也在这段时期研制成功，在该系统中第一次利用移位寄存序列实现纠错编码。在此期间，喷气实验室（JPL）在其空间任务中完成了伪码产生器的设计以及跟踪环路的设计。自从扩频通信的概念在 20 世纪 50 年代开始成熟以后，此后的 20 多年扩频通信技术得到了很大的发展，但都只是局部的发展。

　　直到 20 世纪 80 年代初，扩频技术仍然主要应用在军事通信和保密通信中。1985 年美国联邦通信委员会（FCC）在 L、S 和 C 波段总共划出 200 多 MHz 频带供工业（I）、科研（S）和卫生（M）部门使用（称之为 ISM 频带）。发射功率限小于或等于 1W，不能影响已有的任何无线通信设备的正常运行。这一无线电频带的开放使用，带来巨大的经济和社会效益，因而世界上很多国家赞同并仿照执行。由于扩频通信在提高信号接收质量、抗干扰、保密性、增加系统容量方面都有其突出的优点，因此，扩频通信在民用、商用通信领域迅速普及开来。

　　扩频技术最初在无绳电话中获得成功应用，因为当时已经没有可用的频段供无绳电话使用，而扩频通信技术允许与其他通信系统共用频段，所以扩频技术在无绳电话的通信系统中获得了其在民用通信系统中应用的第一次成功经历。而真正使扩频通信技术成为当今通信领域研究热点的原因是码分多址（CDMA）的应用。扩频技术为共享频谱提供了可能。使用扩频技术能够实现码分多址，即在多用户通信系统中所有用户共享同一频段，并通过给每个用户分配不同的扩频码实现多址通信。利用扩频码的自相关特性能够实现对给定用户信号的正确接收，将其他用户的信号看作干扰；利用扩频码的互相关特性，能够有效抑制用户之间的干扰。此外由于扩频用户具有类似白噪声的宽带特性，它对其他共享频段的传统用户的干扰也达到最小。由于采用 CDMA 技术能够实现与传统用户共享频谱，以北美 IS‐95 为代表的第二代移动通信系统（2G）在应用中取得了巨大的成功。而第三代移动通信系统（3G）标准中（除 Wimax 外），均采用了某种形式的 CDMA。我国 1996 年将 S 波段中的 2.4 ~ 2.4835GHz 规划出来，供扩频通信使用。

7.1.2　扩频通信分类与特点

　　扩频通信（Spread Spectrum Communication，SSC）是一类与传统窄带通信完全不同的通信体制，它通过频谱扩展传输获得一系列传统窄带通信无可比拟的优点，特别是其反侦察和抗干扰的性能，使其成为军事通信的一种重要反侦察和抗干扰方式，在短波、超短波军事通信中获得了广泛应用。按照系统的工作方式不同，扩频通信可以分为以下几种：直接序列扩频（使用高速伪随机码对要传输的低速数据进行扩频调制）、跳频系统（利用伪随机码控制载波频率在一个更宽的频带内变化）、跳时系统（数据的传输时隙是伪随机的）、线性调频

（频率扩展是一个线性变化的过程）、混合扩频（多种扩频手段相结合）等。本章重点讨论直接序列扩频与跳频系统。

与窄带通信技术相比，采用扩频通信技术不仅使传输信号的带宽大大增加，而且系统实现的复杂性也大大增加了。从表面上看，扩频通信系统由于信号占用频宽很宽，采用扩频技术似乎更浪费频谱资源，实际上，正是由于通过频谱扩展传输，使得扩频通信系统具有一系列普通的窄带通信系统无可比拟的优越性。其主要特点如下。

1. 抗干扰能力强

扩频系统实质就是先将信号的带宽扩展，然后送入信道传输，在接收端通过相关处理，将带宽恢复为原始信号的带宽，再解调出原始信号。如图 7-1 所示，在接收端通过相关处理，使有用信号的频谱还原，而各种干扰的频谱被扩展得更宽。通过窄带滤波器将有用信号提取出来，而使输入的干扰得到抑制。

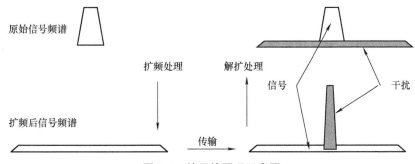

图 7-1　抗干扰原理示意图

从示意图中可以看出，扩频系统可以在输入信号比干扰功率小（信干比为负的 dB 值）的情况下工作。扩频通信的抗干扰能力与处理增益 G_P 成正比，扩频通信系统的频谱扩展得越宽，落入原始信号频谱带内的干扰功率就越小，抗干扰能力就越强。扩频通信的抗干扰能力强这个特点在抗干扰通信特别是军事通信中有很大的应用价值，是目前抗干扰通信中应用最广泛的一种技术。

2. 隐蔽性好、保密性好、安全可靠

扩频通信不仅抗干扰能力强，而且功率谱密度低。通常可以在信号功率谱密度低于噪声功率谱密度条件下工作，而且扩频信号受伪噪声编码信号的控制，它的统计特性类似白噪声，致使发送的信号完全淹没在噪声之中，隐蔽性好，普通的侦察设备很难发现，对其侦察需要特殊设备。而且扩频信号即使被发现，如果不掌握扩频码的规律，也无法正确接收（收到只是类似噪声的信号），所以扩频通信具有保密性，抗截获能力强。

3. 具有选址能力，可实现码分多址通信

扩频信号是通过相关处理，使信号频谱获得压缩的。在多个用户同时通信时，它们可以在相同时间内处于同一频带。不同用户选用不同的扩频序列作为地址码，只要选择的扩频码序列具有尖锐的自相关特性和尽可能小的互相关特性，那么当不同扩频序列调制的多个扩频信号同时进入接收机时，只有与本地扩频码相同的扩频信号能被解扩成窄带信号，而其他用户信号不能被解扩，依然是宽度类似白噪声信号。不同地址用户间的信号相互干扰非常小，因而大量的用户可同时在同一或邻近的地方共享共同的频带，实现码分多址通信。

4. 在多径和衰落信道中传输性能好

因为扩频信号占据很宽的频带，所以小部分的频谱衰落不会使信号产生严重畸变，故有抗频率选择性衰落的能力。多径信号存在时延差，产生码间串扰，限制数字信号速率的提高。扩频接收机在相关检测时，由于多径信号的存在，相关检测器可同时检测到几个相关峰，在接收机中设置多个相关器，分别同步于多个多径信号，实现多径信号的分离与合并，从而有效地克服多径效应，提高传输性能。

7.2 直接序列扩频技术

直接序列（Direct Sequence，DS）扩频技术是将待传信息信号与一个高速的伪随机码波形相乘后去直接控制（调制）射频载波的某一个参量，从而扩展了信号传输带宽的传输体制。DS 扩频系统是应用最广泛的一种扩展频谱系统，已成功地应用于深空探测、遥控遥测、通信和导航等领域。在通信中，DS 扩频系统最初用于国防卫星通信系统。目前，不但军事通信继续发展这种技术，而且在民用卫星通信、移动通信、短波超短波电台、情报传输和高级保密线路等方面的应用也在迅速发展。

7.2.1 基本原理

图 7-2 给出 DS 扩频通信系统的基本模型，从模型上看，在发送信息进行信道编码后，进行调制和频谱扩展，送入信道。扩频信号在信道中叠加噪声和干扰后到达接收端，接收端先进行解扩、解调，然后信道译码，还原发送端的信息。为了解扩，接收端必须产生与发送端严格同步的扩频码序列，这是扩频码同步电路需要完成的任务。信道编码可以进一步提高系统的传输性能。

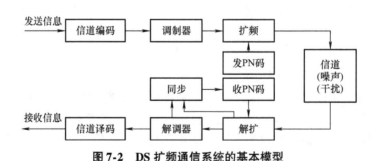

图 7-2 DS 扩频通信系统的基本模型

下面以最简单的不编码的 DS/BPSK 系统为例来说明 DS 扩频技术的基本原理。传统的 BPSK 调制信号可以表示为

$$s(t) = \sqrt{2P}m(t)\cos(2\pi f_0 t + \theta)$$
$$m(t) = a_n \quad a_n \in \{+1, -1\} \quad nT_b \leqslant t \leqslant (n+1)T_b$$

（7-1）

式中，P 为信号平均功率；f_0 为载波频率；$m(t)$ 为二进制数字信息，信息速率为 $R_b = 1/T_b$。

不编码的 DS/BPSK 信号可以表示为

$$x(t) = \sqrt{2P}\,m(t)c(t)\cos(2\pi f_0 t + \theta)$$
$$c(t) = c_n \quad c_n \in \{ +1, -1 \} \quad kT_c \leqslant t \leqslant (k+1)T_c \tag{7-2}$$

这里的 $c(t)$ 为 PN 码序列，其速率称为码片速率，用 R_c 来表示，$R_c = 1/T_c$。码片速率是信息速率的整数倍，并且远远高于信息速率。相对 $m(t)$ 而言，$c(t)$ 的频谱是宽带的，所以频谱被扩展，扩展的程度与 R_c 和 R_b 的比率有关。R_c/R_b 称为扩频因子，用 N 来表示，扩频因子 N 是 DS 系统的一个重要参数。

对于 DS/BPSK 扩频系统，由于信息码元和扩展频谱用的 PN 码都是二进制序列，并且是对同一载波进行相移键控，所以可以先进行频谱扩展再调制。发送端可以先将两路编码序列模 2 相加（等效为相乘运算），然后对载波进行相位调制，实现非常简单。在接收端，首先进行解扩处理，即去掉扩频码，恢复成窄带信号。解扩方法也很简单，只要在接收端产生一个与发送端严格同步的相同的伪随机码序列对接收信号进行相乘运算，就能将扩频码去掉，得到仅受信息调制的窄带信号，即 $x(t)\,c(t) = s(t)\,c^2(t) = s(t)$

图 7-3 给出了 DS/BPSK 系统扩频和解扩方法示意图。可见，要正确接收 DS 扩频信号，接收端必须有与发送端同样规律的伪码产生器，而且接收端的伪码在时间相位上要与发送端一致，这是 DS 扩频系统的主要特点。

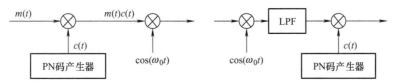

图 7-3　DS/BPSK 系统扩频和解扩方法示意图

下面分析 DS 扩频信号的频谱特性。利用通信原理知识，可以得到式(7-1) 表示的 BPSK 调制信号 $s(t)$ 和式(7-2) 表示的 DS/BPSK 信号 $x(t)$ 的功率谱密度函数，分别为

$$s(t) \to P_s(f) = \frac{P}{2}[P_1(f+f_0) + P_1(f-f_0)] \quad P_1(f) = T_b Sa^2(\pi f T_b) \tag{7-3}$$

$$x(t) \to P_x(f) = \frac{P}{2}[P_2(f+f_0) + P_2(f-f_0)] \quad P_2(f) = T_c Sa^2(\pi f T_c) \tag{7-4}$$

其相应的功率谱密度如图 7-4 所示。

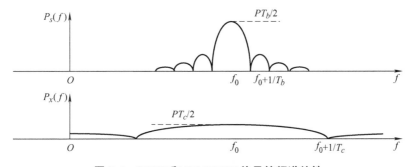

图 7-4　BPSK 和 DS/BPSK 信号的频谱特性

从图 7-4 中可以看出，在平均功率相同的情况下，扩频信号的带宽扩展了 $N = T_b/T_c$ 倍，功率谱密度下降了 N 倍。在白噪声信道中，如果为了正常接收 BPSK 信号，需要接收端信号

功率谱中心点密度与噪声谱密度的比值为 10dB，那么在发送功率不变的条件下，采用 DS/BPSK 传输，在 $N=1024$ 时，带宽扩展了 1024 倍，则接收信号的功率谱密度下降了 1024 倍（30dB），接收端的信号功率谱中心点密度与噪声谱密度的比值则为 -20dB，扩频信号就完全淹没在噪声中了。

7.2.2 主要技术指标

衡量 DS 扩频通信技术性能的主要技术指标可以从四个方面来考虑，一是抗干扰能力指标，二是多址通信能力指标，三是同步性能指标，四是解扩解调误码性能指标。衡量抗干扰能力的指标是干扰容限，衡量多址通信能力的指标是通信容量，衡量同步性能的指标主要是平均捕获时间、同步精度和平均失锁时间。

干扰容限的概念表征了尚能正常工作时，考虑了系统损耗后所允许的最大输入干信比，其值越大，系统抗干扰能力就越强。对于 DS 扩展频谱通信系统，其干扰容限取决以下几个因素：

1）处理增益 G_P。处理增益越大，对干扰的抑制能力越强，干扰容限越大。

2）干扰样式。不同的干扰样式对应的干扰容限也不同。

3）满足误码性能所需的门限信噪比。门限信噪比越低，干扰容限越大。

4）实现损耗。实现损耗越小，干扰容限越大。

在 DS 通信系统中，对处理增益 G_P 有多种定义。本书采用目前较通用的定义方法，即处理增益 G_P 为 DS 系统占据的总带宽 W_{ss} 与信息速率 R_b 的比。总带宽 W_{ss} 近似等于码片速率，即 $W_{ss} \approx R_c = 1/T_c$，则

$$G_P = \frac{W_{ss}}{R_b} = \frac{R_c}{R_b} = \frac{T_b}{T_c} \tag{7-5}$$

这样定义的好处是处理增益 G_P 与调制方式和编码体制无关，当信息速率和总带宽 W_{ss} 给定时，处理增益 G_P 具有唯一性。处理增益 G_P 的大小对 DS 通信系统的抗干扰性能起主要作用。

对于未编码的 DS/（BPSK/QPSK）体制，处理增益为

$$G_P = \frac{W_{ss}}{R_b} = \frac{R_c}{R_b} = N_{\text{BPSK}} \qquad \text{（BPSK）} \tag{7-6}$$

$$G_P = \frac{W_{ss}}{R_b} = \frac{R_c}{R_b} = \frac{R_c}{2R_s} = N_{\text{QPSK}}/2 \qquad \text{（QPSK）} \tag{7-7}$$

N 为扩频因子，它定义为扩频后信号带宽与扩频前信号带宽之比。显然在相同信息速率和相同扩频带宽（相同的码片速率）的情况下，DS/BPSK 与 DS/QPSK 具有不同的扩频因子，但处理增益相同。

对于编码的 DS/（BPSK/QPSK）体制，传输速率 $R_t = R_b/\gamma$，γ 为编码效率。此时，处理增益为

$$G_P = \frac{W_{ss}}{R_b} = \frac{R_c}{\gamma R_t} = \frac{N_{\text{BPSK}}}{\gamma} \qquad \text{（BPSK）} \tag{7-8}$$

$$G_P = \frac{W_{ss}}{R_b} = \frac{R_c}{\gamma R_t} = \frac{R_c}{2\gamma R_s} = \frac{N_{\text{QPSK}}}{2\gamma} \qquad \text{（QPSK）} \tag{7-9}$$

通信容量反映了 DS 扩频通信系统在多址应用下的通信能力，反映了 CDMA 系统中能够支持同时传送的信号数目。通信容量与处理增益 G_p 和选用的扩频码序列有关。

平均捕获时间指同步系统从开始搜索到系统达到初始同步状态，转入跟踪状态的平均时间。同步精度表示在同步完成后，恢复的本地 PN 码相位和输入 PN 码相位之间的偏差，包括静态相位误差和相位抖动两个指标。平均失锁时间指系统能维持同步的平均时间，反映了跟踪系统的健壮性。同步系统的这些指标与同步系统捕获、跟踪机制及输入干信比有关。在设计 DS 扩频通信系统时，希望平均捕获时间短、同步精度高、平均失锁时间长。

7.2.3　扩频调制解调

由于 DS 扩频信号最常用的应用方式是采用 BPSK/QPSK 调制方式，因此，本节以基于 BPSK/QPSK 调制的非编码 DS 扩频系统为分析对象，其调制框图在基本原理小节已经给出，本节主要分析其解调接收。图 7-5 是基于 QPSK 的 DS 扩频系统理想相关接收机模型。

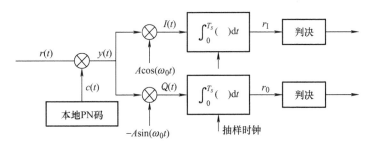

图 7-5　DS/QPSK 的理想相关接收机模型

假设信道中存在人为或者自然干扰，且干扰信号用 $J(t)$ 表示。则总的接收信号可以用下式表示：

$$r(t) = s(t) + J(t) + n(t)$$
$$= \sqrt{2P_s}\, m_I(t)c(t)\cos(\omega_0 t) - \sqrt{2P_s}\, m_Q(t)c(t)\sin(\omega_0 t) + J(t) + n(t) \quad (7\text{-}10)$$

其中，

ω_0：宽带扩频信号的载波角频率；

P_s：信号功率；

$m_I(t)$ 和 $m_Q(t)$：取值 ± 1，分别是 QPSK 信号 I、Q 支路的信息序列，符号速率为 R_s，对于 BPSK 信号，有 $m_Q(t) = 0$；

$c(t)$：取值 ± 1 的伪随机序列（扩频码序列），码片（与前面统一）宽度为 T_c；

$J(t)$：干扰信号，可以是宽带阻塞式干扰、部分频带干扰、单音干扰、多音干扰、窄带干扰、单音宽带调频波等人为干扰以及多址干扰，干扰功率为 P_j；

$n(t)$：双边功率谱密度为 $N_0/2$ 的加性高斯白噪声；

$s(t)$：宽带扩频信号。

假定地址码序列理想同步，解扩以后，解调器的输入 $y(t)$ 为

$$y(t) = \sqrt{2P_s}\, m_I(t)\cos(\omega_0 t) - \sqrt{2P_s}\, m_Q(t)\sin(\omega_0 t) + J(t)c(t) + n(t)c(t) \quad (7\text{-}11)$$

式中，前两项为解扩后的窄带 QPSK 信号，后两项为干扰信号和噪声信号与 $c(t)$ 的乘积。下面分析 $J(t)c(t)$ 和 $n(t)c(t)$ 的频谱特性，假定 $J(t)$ 为一平稳的随机过程，其自相关函

数为

$$R_j(\tau) = E\{J(t+\tau)J(t)\} \tag{7-12}$$

$J(t)$ 的功率谱密度函数为

$$S_j(f) = \int_{-\infty}^{\infty} R_j(\tau)\mathrm{e}^{-j2\pi f\tau}\mathrm{d}\tau \tag{7-13}$$

扩频码序列 $c(t)$ 假定为完全随机的二进制序列。它的自相关函数为

$$R_c(\tau) = E\{c(t+\tau)c(t)\} = \begin{cases} 1 - \dfrac{|\tau|}{T_c}, & |\tau| \leqslant T_c \\ 0, & |\tau| > T_c \end{cases} \tag{7-14}$$

$c(t)$ 的功率谱密度可以表示为

$$S_c(f) = T_c Sa^2(fT_c) \tag{7-15}$$

$$Sa(x) = \frac{\sin\pi x}{\pi x} \tag{7-16}$$

$J(t)$ 和 $c(t)$ 认为是相互独立的，则 $J(t)c(t)$ 的自相关函数 $R_1(\tau)$ 为

$$R_1(\tau) = E\{J(t+\tau)J(t)c(t+\tau)c(t)\} = R_j(\tau)R_c(\tau) \tag{7-17}$$

$J(t)c(t)$ 的功率谱密度 $S_1(f)$ 为

$$S_1(f) = S_j(f)S_c(f) = \int_{-\infty}^{\infty} S_j(x)S_c(f-x)\mathrm{d}x \tag{7-18}$$

$S_1(f)$ 的示意图如图 7-6 所示，从图中可以看出，$J(t)c(t)$ 的带宽要大于 W_{ss}，因而远远大于窄带 QPSK 信号的带宽，其功率谱密度在载波频率附近可以近似认为是平坦的。因此 $J(t)c(t)$ 可以等效为一窄带高斯随机过程，其带宽为窄带 QPSK 信号的带宽，双边功率谱密度 $N_j/2$ 为

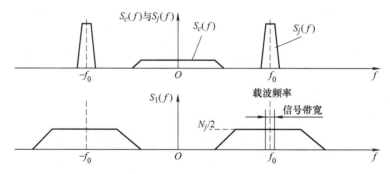

图 7-6　$S_1(f)$ 的示意图

$$N_j/2 = S_1(f_0) = \int_{-\infty}^{\infty} S_j(x)S_c(f_0-x)\mathrm{d}x = \int_0^{\infty} S_j(f)S_c(f-f_0)\mathrm{d}f \tag{7-19}$$

设高斯白噪声 $n(t)$ 的功率谱密度为 $S_n(f)$，同理可得 $n(t)c(t)$ 的功率谱密度函数为

$$S_2(f) = S_n(f)S_c(f) = \int_{-\infty}^{\infty} S_n(x)S_c(f-x)\mathrm{d}x \tag{7-20}$$

同样可以等效为一窄带高斯随机过程，其带宽为窄带 QPSK 信号的带宽，双边功率谱密度为

$$S_2(f_0) = \int_{-\infty}^{\infty} S_j(x)S_c(f_0-x)\mathrm{d}x = \int_0^{\infty} S_j(f)S_c(f-f_0)\mathrm{d}f$$

$$= \int_0^\infty \frac{N_0}{2} S_c(f - f_0)\,\mathrm{d}f = \frac{N_0}{2} \qquad (7\text{-}21)$$

因此，解调器的输入 $y(t)$ 可以表示为

$$y(t) = \sqrt{2P_s}\, m_I(t)\cos(\omega_0 t) - \sqrt{2P_s}\, m_Q(t)\sin(\omega_0 t) + N(t) \qquad (7\text{-}22)$$

$N(t)$ 为一近似等效的窄带高斯随机过程，其带宽为窄带 QPSK 信号的带宽，双边功率谱密度为 $N_j/2 + N_0/2$。

应用通信原理的分析方法，可以得出未编码 DS/（BPSK/QPSK） 通信系统在随机干扰和高斯白噪声信号环境下的系统误比特率计算方法如下：

若信息速率为 $R_b = 1/T_b$，码片速率为 $R_c = 1/T_c$，信号功率为 P_s，那么采用 BPSK 调制和 QPSK 调制方式的系统误比特率均可以表示为

$$P_b = \frac{1}{2}\mathrm{erfc}\left(\sqrt{\frac{E_b}{N_0 + N_j}}\right) \qquad (7\text{-}23)$$

式中，E_b 为比特能量，$E_b = P_s T_b$；N_0 为高斯白噪声信号的单边功率谱密度；N_j 为干扰引起的附加噪声密度，其值为

$$N_j = \int_0^\infty 2\, S_j(f) S_c(f - f_0)\,\mathrm{d}f \qquad (7\text{-}24)$$

由于 $S_c(f - f_0) \leqslant S_c(0)$，所以有

$$N_j \leqslant \int_0^\infty 2\, S_j(f) S_c(0)\,\mathrm{d}f \leqslant S_c(0) J \leqslant T_c P_j \qquad (7\text{-}25)$$

令 $N_j = T_c P_j b$，b 称为干扰因子，其值小于等于 1，干扰因子反映了不同干扰信号样式对系统误比特率的影响程度，b 越接近 1，干扰对系统误比特率的影响越大。

如果没有干扰，只有双边功率谱密度为 $N_0/2$ 的 AWGN，那么 DS/BPSK、DS/QPSK 信号的误比特率为

$$P_b = \frac{1}{2}\mathrm{erfc}\left(\sqrt{\frac{E_b}{N_0}}\right) \qquad (7\text{-}26)$$

因此在相同的信息速率和相同发射功率的情况下，采用 DS 扩频和不采用 DS 扩频，在只有高斯白噪声的情况下，其理论误比特率性能相同。

如果存在连续波随机干扰，那么 DS/BPSK、DS/QPSK 信号的误比特率为

$$P_b = \frac{1}{2}\mathrm{erfc}\left(\sqrt{\frac{E_b}{N_0 + N_j}}\right) = \frac{1}{2}\mathrm{erfc}\left(\sqrt{\frac{E_b}{N_0 + T_c P_j b}}\right)$$

$$= \frac{1}{2}\mathrm{erfc}\left(\frac{N_0}{E_b} + \frac{T_c P_j b}{E_b}\right)^{-\frac{1}{2}} = \frac{1}{2}\mathrm{erfc}\left(\frac{N_0}{E_b} + \frac{P_j b}{P_s G_P}\right)^{-\frac{1}{2}} \qquad (7\text{-}27)$$

7.2.4　多进制正交扩频技术

与二进制扩频方式不同，正交扩频波形主要采用多进制正交扩频技术，扩频码字本身携带信息，根据多个比特组合，从给定的正交扩频码集合中选出一个码字进行传输。正交码集合越大，可选的正交码个数越多，那么每个正交码所携带的比特数也相应增加。在多进制正交扩频的基础上，可以结合相位调制，形成复合调试方式，携带更多的比特。由于多进制正交扩频具有比传统二进制扩频更高的传输效率，因此应用也比较广泛。

N 进制正交扩频（N – ary Orthogonal spread spectrum, NOrth) 调制结构如图 7-7 所示，K_N 比特用于从正交扩频码集合中选择一个码字，经过成形滤波得到基带发送信号，正交扩频码通常选用 Walsh – Hadamard 序列，码字相当于 Hadamard 矩阵的行或列。

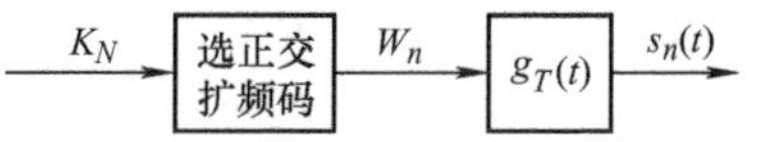

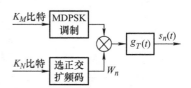

图 7-7 正交扩频（NOrth）调制结构

设正交扩频码数目为 N，码长为 L，则 $L \geqslant N$，比特数 $K_N = \log_2 N$。令第 n 个扩频符号周期内选用码字为 W_n，w_n^l 表示第 l 个码片，$g_T(t)$ 为成形滤波器冲激响应，那么第 n 个扩频码的发送信号表达式为

$$s_n(t) = \sum_{l=0}^{L-1} w_n^l g_T(t - nT_s - lT_c) \tag{7-28}$$

式中，T_s 为符号周期；$T_c = T_s/L$ 为码片周期。整个发送信号为 $s(t) = \sum_{n=-\infty}^{\infty} s_n(t)$。

正交扩频调制通过选择码字的序号来携带比特信息，一旦码字选定，码片值随之确定。除此之外，码字相位上也可携带比特信息，形成复合调制，进一步提高带宽效率，此时相位调制方式决定码片值，可采用 MPSK 或 MDPSK 调制。为便于区分不同比特信息，前者可称为正交比特，后者称为相位比特或差分比特。

如图 7-8 所示，将 N 进制正交扩频和 MDPSK 调制相结合，构成正交扩频复合差分相位调制，简写为 NOrth – MDPSK。与图 7-7 单纯正交扩频结构相比，增加了 MDPSK 调制模块，除 $K_N = \log_2 N$ 比特确定正交扩频码外，$K_M = \log_2 M$ 比特进行差分相位映射，将相位叠加到扩频码上，因此，每个码字可携带 $(K_N + K_M)$ 比特信息。设第 n 个与第 $n-1$ 个扩频码的相位差为 $\theta_m = 2\pi m/M$，$m \in \{0, 1, \cdots, M-1\}$，$\theta_{n-1}$ 为第 $n-1$ 个扩频码的相位，则第 n 个扩频码的发送信号表达式为

图 7-8 正交扩频复合差分相位
（NOrth – MDPSK）调制结构

$$s_n(t) = \sum_{l=0}^{L-1} w_n^l g_T(t - nT_s - lT_c) \exp(\mathrm{j}\theta_{n-1} + \mathrm{j}2\pi m/M) \tag{7-29}$$

差分相位采用格雷映射，如图 7-9 所示。

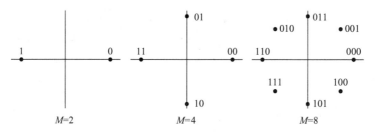

图 7-9 MDPSK 差分相位格雷映射图

上述两种调制结构中，NOrth 仅涉及正交扩频解调，而 NOrth – MDPSK 还包括差分相位解调，尽管可采用传统硬判决方式，但考虑到实际系统中译码通常采用软判决译码处理，硬判决解调存在局限性。为了使系统获得更高的编码增益，软判决解调是十分必要的。

图 7-10 给出了 NOrth－MDPSK 解调结构，接收信号 $r(t)$ 首先通过码片滤波器 $g_R(t)$ 后，以码片速率进行抽样，然后与本地每个正交扩频码进行相关，最后利用这些相关值分别进行正交扩频解调和 MDPSK 解调，最终获取 $(K_N + K_M)$ 个比特软值，用于后续统一的译码处理。NOrth 可作为 NOrth－MDPSK 特例看待。值得说明的是，作为实际系统中常用的软值类型，比特软值可与软判决卷积码、二进制 Turbo 迭代译码或 LDPC 迭代译码配合使用。当然，除比特软值外，也可获取符号级软值，这主要用于 NOrth 与多进制编译码相结合的系统中，如 RS 码、多进制卷积码、多进制 Turbo 码或 LDPC 码。

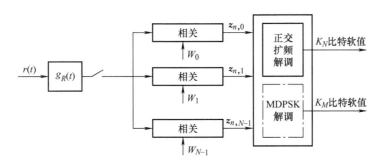

图 7-10　NOrth－MDPSK 解调结构

假设 AWGN 信道，接收端已知最佳采样时刻，满足无码间串扰条件，那么第 n 个扩频符号周期内采样序列 R_n 可表示为

$$R_n = W_n \exp(\mathrm{j}\phi + \mathrm{j}\theta_n) + n \tag{7-30}$$

式中，ϕ 为载波随机相位，服从均匀分布，概率密度函数 $p(\phi) = 1/2\pi$，$0 \leqslant \phi < 2\pi$；n 为复高斯噪声向量，由 L 个相互独立、均值为零、方差为 N_0/T_c 的复高斯随机变量组成；θ_n 表示第 n 个扩频码的相位，$\theta_n = \theta_{n-1} + \mathrm{j}2\pi m/M$，对于单纯正交扩频 NOrth，无差分相位调制，$m = 0$，$\theta_n = \theta_{n-1}$。

定义正交码集合 $W = \{W_0, W_1, \cdots, W_{N-1}\}$，采样序列 R_n 与本地第 i 个扩频码的相关值为 $z_{n,i} = R_n W_i$，$0 \leqslant i < N$，所有相关值构成矢量 $\mathbf{Z}_n = [z_{n,0}\ z_{n,1}\cdots z_{n,N-1}]$。若发送扩频码序号为 u，$u \in \{0, \cdots, N-1\}$，则

$$z_{n,i} = z_{n,i}^c + \mathrm{j}z_{n,i}^s = \begin{cases} n_{n,i}^c + L\cos(\phi + \theta_n) + \mathrm{j}[n_{n,i}^s + L\sin(\phi + \theta_n)] & i = u \\ n_{n,i}^c + \mathrm{j}n_{n,i}^s & i \neq u \end{cases} \tag{7-31}$$

式中，$z_{n,i}^c$，$z_{n,i}^s$ 分别为 $z_{n,i}$ 的实部和虚部；$n_{n,0}^c$，$n_{n,0}^s$，$\cdots n_{n,N-1}^c$，$n_{n,N-1}^s$ 是均值为零、方差 $\sigma^2 = LN_0/(2T_c)$ 的高斯随机变量。值得说明的是，若采用 Hadamard 矩阵作为正交码集合，可以采用快速 Hadamard 变换（FHT）来执行相关运算，以提高运算效率和速度。

7.3　跳频通信技术

为了提高短波电台的抗侦察、抗干扰性，20 世纪 70 年代末至 80 年代，掀起了一股跳频通信的热潮，美、英、以色列等国纷纷推出了跳频电台，代替传统的常规窄带电台。初期的跳频电台采用模拟调制方式，跳速低、频带窄。随着技术的不断发展，跳频电台向数字化、宽带、高速和自适应等方向发展，性能不断提高。通信中应用的跳频技术主要有中低速

跳频（模拟话和中低速数据）、高速宽带跳频和自适应跳频等。

1. 中低速跳频技术

中低速跳频是短波通信中运用最早、型号和产品最多的一种抗干扰技术体制。这类电台的代表型号包括，英国的 Jaguars – H、Scimitar – H，美国的 Sincgars – H、RF – 5000，以色列的 HF – 2000 等。这类电台共同的主要技术特点是：

1）跳速较慢，短波跳速一般为 5 跳/s、10 跳/s、20 跳/s。

2）跳频带宽较窄，短波跳频带宽一般为 64 ~ 256kHz。

3）跳频间隔较窄，短波跳频间隔通常为 10Hz、100Hz 和 1kHz，最常用的是 100Hz。

4）数据传输速率较低，短波跳频不超过 2400bit/s。

5）同步建立时间较长，短波跳频达 5 ~ 10s。

短波跳频通信由于受到天波信道特性限制，不能进行全频段跳频，跳频带宽一般在几兆赫兹以内。只有地波传播低速跳频才能做到全频段跳频。短波信道的时延特性，不同频率可能有不同的时延，如果跳频速率过高，将使接收机接收到的跳频信号发生时序混乱，从而不能正确解出信号来，这就限制了跳频速率的提高。另外短波天调系统跟不上高速跳频也是限制短波跳速提高的一个因素。

中低速跳频电台由于跳速较低，所以对抗跟踪干扰的能力有限。随着电子战技术的发展，对跳频信号的搜索、截获、分选、识别和产生干扰的速度越来越快，跟踪式干扰的性能不断提高，所以，中低速跳频难以逃避敌方频率跟踪式干扰机的干扰，跟踪式干扰对中低速跳频造成极大的威胁。由于跳频带宽较窄，所以中低速跳频对抗宽带阻塞干扰能力也有限。由于跳频间隔较小，中低速跳频难以实现高速数据传输，可靠性也难以保证。所以中低速跳频的性能已不能满足电子战发展的需要。

2. 高速宽带跳频技术

中低速跳频电台易受快速跟踪和宽带阻塞干扰威胁，提高跳速和跳频带宽是对抗这两种方式干扰的有效措施。提高跳速可以减少频率跟踪干扰在每跳上的干扰时间百分比，从而减小系统受干扰的程度。当跳速超过频率跟踪式干扰能力的上限时，频率跟踪干扰将失效。增加跳频带宽可以减小宽带阻塞干扰的功率谱分布密度，或增加通信方未受干扰的频谱百分比。所以，为了提高抗快速跟踪干扰和宽带阻塞式干扰的能力，要求通信方能尽可能地提高跳速和增加跳频带宽。

快速跳频同步技术是实现短波宽带高速跳频通信的关键技术。随着数字信号处理技术和大规模集成电路的发展，短波高速宽带跳频技术已经有了较大的技术突破。这类产品的代表型号有美国 Hughes（休斯）公司设计、研制的高数据率抗干扰 HF2000 系统和美国 Lockheed Sanders 公司研究、开发的 CHESS 系统。

1990 年 IEEE 报道了美国 Hughes 公司设计和研制的高数据率抗干扰 HF2000 系统。HF2000 系统利用宽带射频前端和大量的数字信号处理技术及 DSP 芯片设计，在短波信道上实现了宽带快速跳频数据传输。该系统的跳频带宽为 1.536MHz，分为 512 个频点，跳频间隔为 3kHz，跳频速率为 2560 跳/s，其中 2400 跳用于数据传输。HF2000 系统的调制解调器利用跳频和差分移相键控（FH/DPSK）波形，若以每跳传输 2bit 数据，则可获得 4800bit/s 的传输速率，再采用编码效率为 1/2 的纠错编码，即可获得 2400bit/s 的信息数据率，可在受到衰落和多径效应影响的天波信道上提供可靠的 2400bit/s 的通信能力，具有很强的抗干扰、抗多径和抗衰落能力。

由以上介绍可以看出，这类电台共同的主要技术特点是：

1）跳速较快，短波跳速高达 2560 跳/s，甚至 5000 跳/s。

2）跳频带宽较宽，短波跳频带宽在 1.5MHz 以上。

3）跳频间隔较宽，短波跳频间隔达 5kHz。

4）数据传输速率较高，在受到衰落和多径效应影响的天波信道上，可提供可靠的 2400bit/s、4800bit/s，甚至 9600bit/s、19200bit/s 的通信能力。

由于跳速高，每一跳驻留时间极短，跳频带宽，所以这类跳频系统难以被截获。这类跳频系统的跳速超过了跟踪式干扰机的干扰能力，跟踪式干扰方式无法对其实施有效干扰。由于跳频带宽很宽，这类跳频系统也有很强的抗宽带阻塞干扰的能力。所以，这类跳频系统具有很强的抗截获和抗干扰能力。

由于快速跳频改变频率很快，每一跳驻留时间小于同一频率上接收到的多径信号的时延，大大降低了多径干扰的影响，并使跳速不受短波多径时延的限制，从而能消除短波通信中多径效应造成的不利因素，大幅度地提高数据传输的可靠性。

由此可见，宽带快速跳频数据传输技术可以提高传输速率、传输可靠性，而且具有很强的抗干扰能力，可较好地支持数据话音、传真、静态图像和计算机数据保密通信业务。

7.3.1　基本原理

跳频/扩频（Frequency Hopping/Spreading Spectrum，FH/SS）体制是将传统的窄带调制信号的载波频率在一个由伪随机序列控制下进行离散跳变，从而实现频谱扩展的扩频方式。这同样是一种人们熟悉和应用广泛的扩展频谱系统。FH 技术以其优良的抗干扰性能和多址组网性能在军事无线电抗干扰通信、民用移动通信、现代雷达和声呐等电子系统中获得应用。

图 7-11 给出 FH/SS 通信系统的基本模型，从模型上看，在发送信息进行信道编码后，再进行调制和频谱扩展，送入信道。发射机的频率在一组预先指定的频率下跳变。频率跳变时间间隔的倒数称为跳频速率，简称跳速，用 R_h 表示。每一跳（Hop）的载波频率是由"伪随机码产生器"产生的编码选定，跳变规律又叫"跳频图案"。跳频信号在信道中叠加噪声和干扰到达接收端，接收端要正确接收发送端的跳频信号，必须知道发送端的跳变规律。接收端产生一个与发送端一样跳变规律但频率差一个中频的本地参考信号与接收到的跳

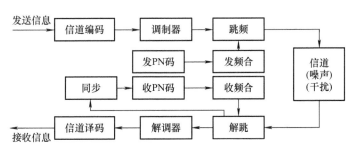

图 7-11　FH/SS 通信系统的基本模型

频信号进行混频，产生一个固定频率的中频窄带信号，从而使跳频信号解跳，变成载波频率固定的中频信号。再经过中放、解调和信道译码，便可恢复发送端的信息。为了解跳，接收端必须产生与发送端严格同步的跳频序列，这就是跳频同步电路完成的任务。信道编码可以进一步提高系统的传输性能。

跳频图案反映跳变规律，不同用户使用不同的跳频图案，互不干扰。跳频图案通常用跳频时频矩阵图表示，如一个时序为 $(f_2, f_4, f_7, f_1, f_5, f_3, f_0, f_6)$ 的时频矩阵图可用图 7-12 来表示。

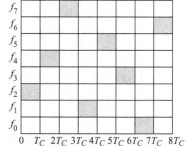

图 7-12 跳频时频矩阵图

FH 通信系统主要用于传输数字信号，调制方式一般都采用二进制/多进制频移键控（BFSK/MFSK）或差分相移键控（DPSK），其主要原因有以下几点：

1）跳频等效为用码序列进行多频频移键控的通信方式，可以直接和频移键控调制相对应。

2）由于解跳后信号载波不再具有连续的相位，因此，在解跳后往往采用非相干解调方式，而 MFSK 和 DPSK 具有良好的非相干解调性能。

下面以最简单的不编码的 FH/BFSK 系统为例来说明 FH/SS 的基本原理。传统的 BFSK 调制信号可以表示为

$$s(t) = \sqrt{2P}\cos(2\pi f_0 t + 2\pi d_n \Delta f t) \quad d_n \in \{-1, 1\} \quad nT_b \leqslant t \leqslant (n+1)T_b \quad (7\text{-}32)$$

式中，P 为信号平均功率；f_0 为载波频率；d_n 为二进制数字信息序列，信息速率为 $R_b = 1/T_b$。为获得最佳性能，"1" 和 "0" 码对应的信号在 1bit 间隔内要相互正交，因此要满足 $\Delta f T_b = 0.5$。

不编码的 FH/BFSK 信号可以表示为

$$x(t) = \sqrt{2P}\cos(2\pi f_0 t + 2\pi f_n t + 2\pi d_n \Delta f t) \quad nT_b \leqslant t \leqslant (n+1)T_b \quad (7\text{-}33)$$

这里的 f_n 为第 n 个频率跳变时间间隔内的跳变载波频率。跳变载波频率由二进制随机序列来控制。如果用 L 个二进制随机码元来代表跳变载波频率，那么 L 个二进制随机码元对应 2^L 个离散频率点。BFSK 信号的带宽 $B = 2\Delta f = 1/T_b = R_b$ 是一个窄带信号，而 FH/BFSK 信号可以占据 $W_{ss} = 2^L B$ 带宽。同 DS 系统的瞬时宽带频谱不一样，跳频信号在每一瞬间是窄带信号，但在一个足够长时间看为宽带信号。跳频信号每个频率点上具有相同的功率。

在接收端，首先要进行解跳处理，假定收、发跳频码序列严格同步，接收端可以产生相应的本地跳变载波信号：

$$c(t) = \cos(2\pi f_1 t + 2\pi f_n t) \quad nT_b \leqslant t \leqslant (n+1)T_b \quad (7\text{-}34)$$

用 $c(t)$ 与输入信号进行混频和滤波，得到一个具有固定频率的 BFSK 窄带信号 $y(t)$，再用传统的 BFSK 非相干解调方法恢复发送端的二进制数字信息序列 d_n，则

$$y(t) = \sqrt{2P}\cos(2\pi f_2 t + 2\pi d_n \Delta f t) \quad nT_b \leqslant t \leqslant (n+1)T_b \quad (7\text{-}35)$$

FH 系统的关键是同步。对 FH 系统来说，同步就是收、发两端的频率必须具有相同的变化规律，即每次的跳变频率都有严格的对应关系。同 DS 系统一样，同步建立过程包括捕获过程和跟踪过程。

跳频通信的特点：

（1）抗干扰能力强

对 FH 系统来说，只有在每次跳变时隙内，干扰频率恰巧位于跳频的频道上时，干扰才有效。图7-13 给出了 FH 系统抗干扰的原理。在接收端通过解跳处理，有用信号被还原成固定频率，而各种干扰的频率被扩展分布在很宽的频带。通过窄带滤波器将有用信号提取出来，干扰得到了很大的抑制。

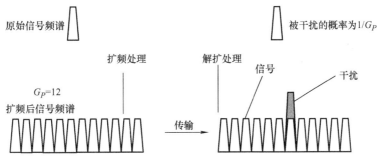

图 7-13　FH 系统抗干扰原理示意图

从图中可以看出，FH 扩频通信的抗干扰能力与处理增益成正比，FH 扩频通信系统的频谱扩展得越宽，信号被干扰的概率就越低。解跳后的原始信号频带内的平均干扰功率就越小，抗干扰性能就越强。

（2）具有选址能力，可实现码分多址通信（FH-CDMA）

FH 扩频信号是通过解跳处理，使信号频谱获得压缩的。在多个用户同时通信时，它们可以在相同时间处于同一频带。不同用户选用不同的跳频序列作为地址码，当不同的多个 FH 扩频信号同时进入接收机时，只有与本地跳频序列保持同步关系的 FH 扩频信号被解跳成窄带信号，而其他用户信号像噪声和干扰一样被抑制，因而大量的用户可同时共享相同的频带，实现码分多址通信。

（3）在多径和衰落信道中传输性能好

因为跳频信号在很宽的频带内跳变，所以小部分的频谱衰落只会使信号在短时间内产生严重畸变，所以有抗频率选择性衰落的能力。对于 FH 体制，一个数据符号含有多次频率跳变，因此具有频率分集的效果。因此跳频信号在多径和衰落信道中传输性能好。

（4）易于和其他调制类型的扩展频谱系统结合

易于和其他扩展频谱系统结合，构成各种混合式频谱扩展系统，如 DS/FH 系统等。

（5）易于与现有的常规通信体制兼容

由于跳频通信只是对载波频率进行控制，因此对现有的常规通信系统，只要在设备上增加收发跳频器，在射频前端做一些简单的改动，就能将常规通信系统改变为跳频通信系统。反之，跳频通信系统若在定频情况下工作，就能和常规通信系统兼容，实现互通互连。

7.3.2　跳频同步与解调

和 DS 扩频系统一样，FH/SS 扩频系统的接收机也必须实现跳频码的同步。FH 扩频系统的码同步完成本地参考跳频序列和接收信号跳频序列在时间和相位上严格一致。跳频序列的同步一般也分为两个阶段，即跳频捕获（粗同步）和跳频跟踪（细同步）。在捕获阶段，同步系统在本地跳频序列寻找一个相位，使之与接收信号跳频序列基本一致，相位误差落入跟踪范围内（一般小于 $T_h/2$ 半跳宽度）。然后，同步系统进入跟踪阶段，跟踪使得相位误差进一步减小，并能在包括噪声、时钟基准频率源的不稳定和运动引起的多普勒频移等各种外来因素干扰下也能保持高精度的相位对齐。

同 DS 系统一样，同步系统的主要技术指标有平均捕捉时间、同步精度和平均失锁时间。

1. 跳频码序列捕获技术

DS/SS 扩频码序列的捕捉是利用其尖锐的自相关特性（自相关函数的旁瓣极低）来完成的。同 DS 扩频码序列的捕捉一样，FH 码序列捕获技术是利用其尖锐的汉明自相关特性。只要进行本地跳频序列与接收的跳频信号的相关运算，检测其汉明相关函数值，便可以判断本地跳频序列与接收的跳频序列相位是否对齐，即捕捉是否成功。因此，FH/SS 跳频码序列的捕捉最关键的是相关检测器的设计和搜索相关值的方法。捕获的主要技术指标是平均捕捉时间。捕捉方法设计的目的是在综合考虑实现复杂度的情况下使平均捕捉时间最小。

目前跳频序列捕获的主要方法有串行步进搜索法（stepped-serial search）、匹配滤波法（matched filter）和两级捕获法（two-level）。

串行步进搜索法（有源相关法）的原理电路如图 7-14 所示。由本地 PN 码产生的本地跳频载波连续地与输入信号进行相关运算。在一个检测时间段结束时，如果积分器的输出小于门限值，搜索控制单元在 PN 码产生时钟中扣除一个时钟脉冲，这样本地 PN 码产生码序列相位延迟一个时隙（一般为 $T_h/2$），这样的过程重复进行，直到积分器的输出大于门限值。该结构完成本地 PN 码产生的本地跳频载波与输入信号的有源相关运算。

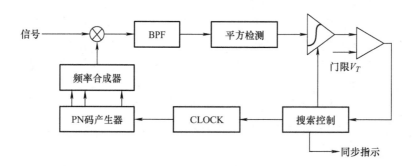

图 7-14 串行步进搜索法原理电路

匹配滤波法（无源相关法）的原理电路如图 7-15 所示。本地跳频载波连续地与输入信号进行无源相关运算。分别用与 N 个频率相匹配的滤波器对输入信号进行相关处理（相当于 N 个相关检测器）。当能量超过门限时，则由这 N 个频率来确定本地 PN 码的相位。

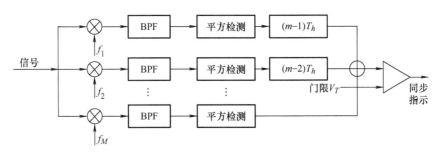

图 7-15　匹配滤波法原理电路

两级捕获法是有源相关法和无源相关法的综合，它由一个级数为 M 的较短的匹配滤波无源相关器和 C 个有源相关器组成，其原理电路如图 7-16 所示。匹配滤波器用来检测相对较短的 M 个前缀同步跳。当检测到这个 M 跳的同步头，它向后面的相关器组提供一个 PN 码的初始相位，并使其中某个空闲的相关检测器按此 PN 码相位与输入信号在 k 跳（ k >> m）时间内相关，相关器输出值与门限 V_{T2} 进行比较，当其中某个相关器输出超过门限时则认为已经捕获。如果相关器组中所有的相关器都被占用，那么此时匹配滤波器提供的一个新的序列初始相位则被忽略。

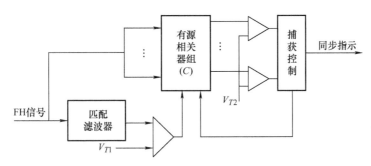

图 7-16　两级捕获法原理电路

串行步进搜索法在衰落和干扰环境中都能提供较好的检测性能，而且易于实现，花费的代价是搜索时间长。从检测的可靠性、可实现性等方面看，这一方案是最值得考虑的。

匹配滤波法能够实现快速捕获，但需要复杂的硬件结构，特别是要匹配较长跳率序列时，电路复杂性让人难以接受，这一点同 DS 匹配滤波不同。

两级捕获法把无源相关的快速搜索和有源相关的高检测可靠性结合起来，在系统采用长周期码，但需要在不同环境下都能快速可靠捕获的条件下，这一方案值得考虑。

2. 跳频码序列跟踪技术

在捕获完成后，本地跳频序列和接收的跳频序列在相位上达到一致，但这种相位一致只是大概的，若捕获过程中，相关检测器的相位搜索步进为 $T_h/2$，那么捕获完成后两个序列的相位差最大可达 $T_h/4$。另外，由于收、发时钟源总是存在一定的频率偏差，加上噪声的影响和信道传输时延的变化等因素，这种相位的初步一致是不能保持的，因此必须采用跟踪技术，使得相位误差进一步减小，并能在包括噪声、时钟基准频率源的不稳定、信道时延变化和运动引起的多普勒频移等各种外来因素干扰下也能保持高精度的相位对齐。

同 DS 系统跟踪方法一样,跳频序列的同步跟踪方法采用比相法。通过一个相位误差的算法估计出本地跳频序列与接收的跳频序列之间的相位偏差。在检测出相位误差后,再不断地调整本地时钟的频率和相位,补偿在发送和接收定时振荡器之间的频率漂移。

(1)基于 DLL 的跟踪方法

本地跳频序列和接收的跳频序列之间的相位偏差估计是利用跳频序列的自相关特性来实现的。跳频通信系统中相关器的输出特性为三角形,同 DS 系统扩频序列的自相关特性一样。因此 DS 系统中采用的延时锁定环(DLL)和抖动环(TDL)等同步跟踪方法,同样适合于 FH 系统。利用其自相关特性的对称性可以实现鉴相功能。

用延时锁定环(DLL)实现 FH 同步跟踪电路如图 7-17 所示,本地码发生器控制频率合成器产生两个时间相差为 T_h 的频率序列,分别与输入跳频信号进行相关运算。若没有相位误差,即 $q(t)$ 与输入跳频序列完全同步,两个相关器给出相同的平均功率值,给出零误差电压。若有相位误差,两个相关器给出反映相位误差大小和方向的误差电压。其鉴相特性如图 7-18 所示。图中为跳频序列的自相关函数,具有三角形特性,在 $\tau = 0$ 时相关值最大。同 DS 系统类似,有 $T_h/2$ 鉴相特性和 T_h 鉴相特性。从鉴相特性可以看出,当 τ(两序列的相位差)$=0$ 时,鉴相器输出为零,当 $\tau > 0$ 时,鉴相器输出一个与 τ 成比例的正值,反之,当 $\tau < 0$ 时,鉴相器输出一个与 τ 成比例的负值。

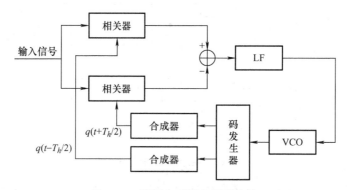

图 7-17　跳频序列同步跟踪电路

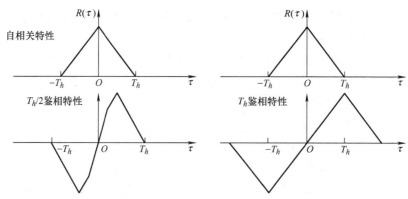

图 7-18　跳频序列的自相关特性和鉴相特性

利用锁相环的反馈控制原理,鉴相器输出经过环路滤波器去控制压控振荡器产生本地码序列推位时钟,就可以实现跳频序列的同步跟踪,性能分析方法与 DS 系统没有本质区别。

（2）基于早-迟门（EL）的跟踪方法

早-迟门（Early-Late gate）同步跟踪方法在跳频通信中应用的比较多，其主要特点是只需要一个频率合成器，电路简单。早-迟门同步跟踪的基本原理是接收端以一个跳频间隔 T_h 为观察窗口，将观察窗口分为前后两个部分，前半个窗口称为 E 窗口，后半个窗口称为 L 窗口，分别在这两个窗口内对信号进行能量检测，其能量差值反映了相位误差的大小。图 7-19 给出了当本地跳频序列滞后 τ 的情况下，E 窗口和 L 窗口中的信号能量示意图。从图中可以看出，当 $\tau = 0$ 时，E 窗口和 L 窗口具有相同的能量，当 τ 从 0 逐渐变为 $T_h/2$ 时，E 窗口能量保持不变，而 L 窗口能量逐渐变小，最后为零。

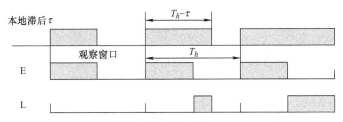

图 7-19　E 窗口和 L 窗口能量分布图

早-迟门同步跟踪的鉴相特性曲线如图 7-20 所示，在 $-T_h/2 \leqslant \tau \leqslant T_h/2$ 范围内是线性的。

3. 离散同步数据跟踪技术

在慢跳频系统中，当一跳中包含 M 个数据符号时，每跳数据可以看成一个数据帧。离散同步数据（DSG）跟踪方法就是在每帧中特定的位置插入固定的数据，作为同步

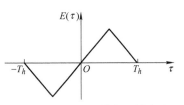

图 7-20　早-迟门鉴相特性曲线

数据。接收端在捕获完成后，进行解调，通过判断同步数据出现的位置，得到同步误差信息。该方法在 1991 年由 S. G. Glsic 提出。

首先考虑一种最简单的情况 DSG（M，1），在二进制数据帧的中间插入一个比特，假定这个比特始终为"1"（也可以设定为"0"），该比特记为"m"比特。该数据帧中的其他二进制数据是随机信息，"1"和"0"等概率分布。以本地跳频序列一跳时间间隔为观察窗口，当本地跳频序列相位超前于输入跳频信号时，"m"比特一定位于观察窗口靠后的位置，反之，当本地跳频序列相位滞后于输入跳频信号时，"m"比特一定位于观察窗口靠前的位置。只有当本地跳频序列与输入跳频信号无相位差时，"m"比特位于观察窗口中间的位置。

根据以上分析，可以将离散插入数据跟踪方法描述如下：

接收端通过解跳、解调以观察窗口为界得到 M 个数据，将其表示为 $D_1 = (d_1^1, d_2^1, \cdots, d_M^1)$，连续检测 N 帧，得到 D_1，D_2，$\cdots$，D_N，它们组成一个 N 行 M 列的数据矩阵 $\boldsymbol{D}$，即

$$\boldsymbol{D} = \begin{bmatrix} D_1 \\ D_2 \\ \vdots \\ D_N \end{bmatrix} = \begin{bmatrix} d_1^1 & d_2^1 & \cdots & d_M^1 \\ d_1^2 & d_2^2 & \cdots & d_M^2 \\ \vdots & \vdots & & \vdots \\ d_1^N & d_2^N & \cdots & d_M^N \end{bmatrix} \tag{7-36}$$

其中 $d_i^j = 0$，1。对矩阵 $\boldsymbol{D}$ 的每列进行大数判决，判决"1"个数出现最多的列对应的位

置为"m"比特位置。若第 i 列出现"1"个数最多,当 $i < (1 + M)/2$ 时,表明本地跳频序列相位滞后于输入跳频信号;当 $i > (1 + M)/2$ 时,表明本地跳频序列相位超前于输入跳频信号。图 7-21 给出"m"比特出现位置与超前、滞后的关系。

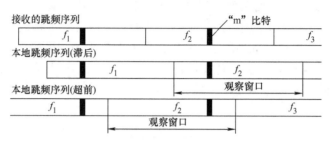

图 7-21 "m"比特的位置与超前、滞后的关系

根据检测到的相位误差信息,不断调整本地参考时钟,就可以实现同步跟踪。在参数设计合理的情况下,其跟踪相位误差可以控制在 $\pm T_h/(2M)$ 范围内。

在一个数据帧中只插入一个数据比特具有很高的帧效率,但缺点是一次判决需要 MD 个数据,这些数据必须预先存储,计算量大。

可以考虑在一帧中离散插入多个比特,这样接收机不需要处理一帧中的所有位置的数据,只要对一个位置数据处理就可以实现同步跟踪。设一个数据帧有 M 个比特,其中有 h 个比特是插入比特,M 和 h 是奇数,且 M 是 h 的整数倍,插入比特均匀分布在一帧中。其中"m"比特位于帧中间。下面以一个具体的例子 DSG (15,5) 来说明,图 7-22 为 DSG (15,5) 帧结构示意图。

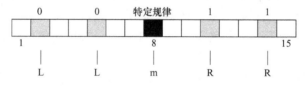

图 7-22 DSG (15,5) 帧结构示意图

"m"比特是一个按特定规律设计的比特流,它可以是一个短周期的 PN 码或巴克码,其变化规律应能很容易识别。"m"比特左边的两个比特是"L"比特,固定置为"0";"m"比特右边的两个比特是"R"比特,固定置为"1"。以本地跳频序列一跳时间间隔为观察窗口,并始终对观察窗口中间位置的比特作 N 次判决,根据判决结果作如下处理:

1)若该比特的变化规律符合"m"比特的特定规律,表明相位已经对齐,不作调整;

2)若该比特出现"1"的次数极少,表明该比特是"L"比特,本地相位超前,调整本地时钟,使本地跳频序列滞后 $3T$(T 为一个比特的时间)。

3)若该比特出现"1"的次数极多,表明该比特是"R"比特,本地相位滞后,调整本地时钟,使本地跳频序列超前 $3T$。

4)若该比特出现"1"的次数介于中间位置,表明该比特是信息比特,根据前一次的调整方向,调整本地时钟,使本地跳频序列超前 T 或滞后 T。

采用在一帧中离散插入多个比特,接收机只需要对一个特定比特进行处理,运算量小、电路简单,但是以牺牲帧效率为代价的。理论分析表明,其跟踪性能要优于 DSG $(M,1)$。

7.3.3　高速差分跳频技术

1995 年 2 月美国《SIGNAL》杂志报道了 Lockheed Sanders 公司用 3 年时间独立研究和开发的 CHESS 系统。CHESS 系统是以先进的数字信号处理技术及高速 DSP 芯片为基础设计的。

CHESS 代表了新一代的短波扩频技术，与 HF2000 相比所采用的跳频技术有很大的差别，CHESS 采用差分跳频技术，即利用信息序列对载波频率进行差分编码，利用载波频率的跳变来携带信息，每个跳变的载波可携带多个比特信息，接收端利用接收频率的相关性解出所携带的信息，根据载波频率的特定路径关系利用 MLSE 使译码过程有纠错能力。通过利用相关跳频技术，CHESS 获得了理想的性能，具有频谱复用、减少多径衰落影响，以及降低干扰等特性。

CHESS 系统的主要技术参数有：跳频带宽为 2.56MHz（包含 512 个 5kHz 频道）；跳速高达 5000 跳/s，其中 200 跳用于信道探测、4800 跳用于数据传输。若每个频率发送 4bit 数据，则可获得 19.2kbit/s 传输速率，再采用编码效率为 1/2 的纠错编码，则实际传输速率为 9.6kbit/s。若每个频率发送 2bit 数据，同样采用 1/2 编码效率的纠错编码，则实际传输速率为 4800bit/s，此种条件下误码率可低于 1×10^{-5}。

CHESS 系统包括 RF 射频前端和数字信号处理部分，如图 7-23 所示。其中 RF 射频前端包括一个宽带功率放大器、2.56MHz 带宽的下变频器、一个 A/D 和一个 D/A 转换器。数字信号处理部分包括数字接收器、数字激励器和一个控制 CPU。数字接收器的作用是进行快速傅立叶变换（FFT），从接收信号中恢复出信息；数字激励器的作用是从 CPU 接收命令，并转换成指定频率上的方波脉冲。

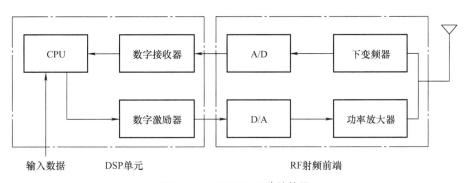

图 7-23　CHESS 系统结构图

CHESS 系统通过采用差分跳频（DFH）编码技术产生跳频控制码去驱动 DDS 芯片，实现相关跳频。所谓相关跳频就是指跳频图样本身在频率和时间上插入了冗余度，在不增加额外比特的情况下，仍然能为解调、解跳后的输出提供一定的纠错能力，即便在恶劣的信道上也能有效地降低误码率，使得数据能够通过高速跳频可靠地传输。

DFH 编码可以理解为一个函数映射关系，发送端通过这种映射关系来确定发送数据的频率。设当前跳的频率为 F_{n-1}，下一跳要发送的数据为 X_n，则下一跳的频率 F_n 为

$$F_n = G(F_{n-1}, X_n) \tag{7-37}$$

这里函数 G 可以直观地看作是一个定向图，其节点是频率。对于 64 个频率为一组（通

常是 CHESS 的跳组)，定向图有 64 个节点，每一个节点往后将具有 2^{BPH} 种可能的变化，也就是每个频率点随后的频率有 2^{BPH} 种可能。这里 BPH 是以代码表示比特/跳的数目。对数据组进行编码的方法是：将数据组分成若干个字，每个字包含 BPH 个比特，并以某一随机节点开始，按字的序列绘出 DFH 曲线，且在每个节点上为该节点特定的频率发射一跳。也就是由函数 G 从跳频组中选定下一跳的频率。相邻频率之间的相关性就携带了待发送的数据信息。

CHESS 系统工作在异步跳频方式下，也就是说，接收端并不是时刻与发送端保持频率一致的。发送端以 5000 跳/s 的速度跳频，每一跳的停留时间为 $200\mu s$。由于跳频驻留时间极短，小于干扰信号从干扰发射机到接收机的传输时间，因而可以有效地对抗频率跟踪干扰。同时，由于快速跳频改变频率之快，足以不接收同一频率上的较长时间延迟信号，从而大大减轻了多径的影响。

采用数字化接收技术，接收机同时接收 2.56MHz 跳频带宽内的所有信号，然后以 $400\mu s$ 作为窗函数的宽度，这样可以保证每个窗中至少包含一次完整的跳频信号。窗口每 $100\mu s$ 滑动一次，这样在 FFT 结果中每一次跳频信号都会连续出现 2~3 次。这样接收端可以根据子信道上信号持续的时间来判决是否为有效的跳频信号。

根据奈奎斯特采样定律，带宽为 2.56MHz 的带通信号应选用 5.12MHz 的采样频率，这样在每个窗中包含 2048 个样点。在进行 FFT 时根据指数项的对称性和周期性，可以将其转化为 1024 点的复数 FFT。经过 FFT 之后保留其中编号为偶数的子带（0，2，4，…，1024），最后结果代表了信号在 512 个 5kHz 带宽子信道上的频域特性。通过计算它们的幅度和相位便可以知道各个子带上信号的能量和相位，从中判决出有效的跳频信号。

由于跳速高，在每一跳驻留时间极短、跳频带宽，所以这类跳频系统难以被截获；这类跳频系统的跳速超过了跟踪式干扰机的干扰能力，跟踪式干扰方式无法对其实施有效干扰；由于跳频带宽很宽，这类跳频系统也有很强的抗宽带阻塞干扰的能力，所以这类跳频系统具有很强的抗截获和抗干扰能力。

思考题

1. 扩频技术的基本原理是什么？
2. 扩频技术的优点有哪些？
3. 多进制正交扩频技术的基本原理是什么？
4. 跳频技术的基本原理是什么？
5. 跳频技术的优点有哪些？
6. 影响扩频技术与跳频技术抗干扰性能的因素有哪些？

第8章

短波通信天线技术

8.1 天线基本概念

用来辐射或接收电磁波的装置称为天线。天线的工作过程是发射机产生的高频震荡能量，经过发射天线变为电磁波能量，并向预定方向辐射，通过媒质传播到达接收天线。接收天线将接收到的电磁波能量变为高频震荡能量送入接收机，完成无线电波传输的全过程。

天线具备以下技术参数：

（1）辐射区域

天线的辐射场区分为三个区域（见图8-1），近区（$kr \ll$
1）、远区（$kr \gg 1$ 即 $\lambda/r \ll 1$）和中间区。远场区是天线辐射电磁波的一个区域，也是接收区域，在此区域内，电场强度的大小与离开天线的距离成反比。（k 为相位常数，$k = \omega$
$\sqrt{\varepsilon\mu}$，μ 为磁导率、ε 为介电常数）

（2）天线的极化

天线的极化是指天线辐射电磁波的电场矢量的取向。当电磁波的电场矢量取向不变，方向为一直线时，称这种电磁波的极化为线极化。

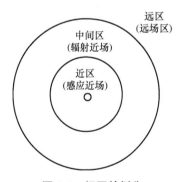

图 8-1　场区的划分

（3）辐射方向图

辐射方向图简称方向图，表示天线所辐射电磁波随空间方向分布的图形。以辐射强度很弱区域为界划分的方向图各部分称为波瓣，包含最大辐射方向的辐射波瓣称为主瓣；除主瓣以外的其他任何辐射波瓣称为旁瓣。在功率方向图的主瓣中，把相对最大值辐射方向功率下降到一半处或小于最大值3dB的两点之间的波束宽度夹角称为半功率波瓣宽度。

（4）天线增益

天线增益是表征天线向一定方向辐射电磁波的能力。在相同输入功率条件下，把天线在某一规定方向上的辐射功率通量密度与理想点源天线的最大辐射功率通量密度之比称为天线增益，用符号 G 表示，单位为 dB。增益与天线的方向图有关。方向图中主波束越窄，副瓣尾瓣越小，增益就越高。可以看出高的增益是以减小天线波束的照射范围为代价的。

（5）额定功率

天线的额定功率是指按规定的条件在规定的时间周期内可连续地加到天线上而又不致降低其性能的最大连续射频功率。

（6）额定电压

天线的额定电压是指可重复地加到天线上而不致降低其性能的最大瞬时射频峰值电压。

（7）标称阻抗

标称阻抗是指在天线端口测量反射系数等各项指标时规定作为参考的电阻性阻抗。

（8）电压驻波比（VSWR）

在不匹配的情况下，馈线上同时存在入射波和反射波。在入射波和反射波相位相同的地方，电压振幅相加为最大电压振幅 V_{max}，形成波腹；而在入射波和反射波相位相反的地方电压振幅相减为最小电压振幅 V_{min}，形成波节。其他各点的振幅值则介于波腹与波节之间。这种合成波称为行驻波。反射波电压和入射波电压幅度之比叫作反射系数，记为 R，则

$$R = \frac{\text{反射波幅度}}{\text{入射波幅度}} = \frac{Z_L - Z_O}{Z_L + Z_O}$$

波腹电压与波节电压幅度之比称为驻波系数，也叫电压驻波比，记为 VSWR，则

$$VSWR = \frac{\text{波腹电压幅度 } V_{max}}{\text{波节电压幅度 } V_{min}} = \frac{1 + R}{1 - R}$$

终端负载阻抗 Z_L 和特性阻抗 Z_O 越接近，反射系数 R 越小，驻波比 VSWR 越接近于 1，匹配也就越好。驻波比的产生，是由于入射波能量传输到天线输入端并未被全部吸收（辐射）产生的反射波叠加而形成的。VSWR 越大，反射越大，匹配越差，其取值范围为 1 ~ ∞，可以直接在天线输入端口测得。

（9）频带宽度

天线的工作频带宽度简称为带宽，它是指天线的电性能都符合产品标准所规定的要求的频率范围。

（10）方向性系数 D

天线在各个方向上发射（或接收）的电磁波强度是不同的，因此天线具有方向性，如图 8-2 所示。通常用方向性系数 D 来表示天线的方向性。

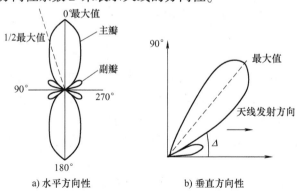

a）水平方向性   b）垂直方向性

图 8-2　天线的方向性

8.1.1　天线辐射原理

天线本身就是一个振荡器，但又与普通的 *LC* 振荡回路不同，它是普通振荡回路的变形。图 8-3 示出了它的演变过程。

图中 *LC* 是发信机的振荡回路。如图 8-3a 所示，电场集中在电容器的两个极板之间，而磁场则分布在电感线圈的有限空间里，电磁波显然不能向广阔空间辐射。如果将振荡电路展开，使电磁场分布于空间很大的范围，如图 8-3b、c 所示，这就创造了有利于辐射的条件。于是，来自发信机的、已调制的高频信号电流由馈线送到天线上，并经天线把高频电流能量转变为相应的电磁波能量，向空间辐射，如图 8-3d 所示。

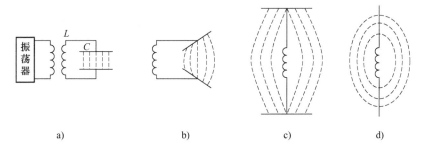

图 8-3　天线的等效演变

电磁波的能量从发信天线辐射出去以后，将沿地表面所有方向向前传播。若在交变电磁场中放置一根导线，由于磁力线切割导线，就在导线两端激励一定的交变电压——电动势，其频率与发信频率相同。若将该导线通过馈线与收信机相连，在收信机中就可以获得已调波信号的电流。这个导线就起了接收电磁波能量并转变为高频信号电流能量的作用，称此导线为收信天线。无论是发信天线还是收信天线，它们都属于能量变换器，"可逆性"是一般能量变换器的特性。同样一副天线，它既可作为发信天线使用，也可作为收信天线使用，通信设备一般都是收、发共同用一根天线。因此，同一根天线既关系到发信系统的有效能量输出，又直接影响着收信系统的性能。

天线的可逆性不仅表现在发信天线可以用作收信天线，收信天线可以用作发信天线，而且还表现在天线用作发信天线时的参数，与用作收信天线时的参数保持不变，这就是天线的互易原理。

为便于讨论，常将天线作为发信天线来分析，所得结论同样适用于该天线用作收信天线的情况。导线载有交变电流时，就可以形成电磁波的辐射，辐射的能力与导线的长短和形状有关。如果两导线的距离很近，且两导线所产生的感应电动势几乎可以抵消，因而辐射很微弱。如果将两导线张开，这时由于两导线的电流方向相同，由两导线所产生的感应电动势方向相同，因而辐射较强。当导线的长度远小于波长时，导线的电流很小，辐射很微弱。当导线的长度增大到可与波长相比拟时，导线上的电流就大大增加，因而就能形成较强的辐射（见图 8-4）。通常将上述能产生显著辐射的直导线称为振子。

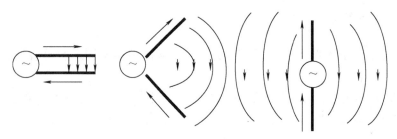

图 8-4　电磁波的辐射机理

8.1.2　常用短波天线

短波天线分地波天线和天波天线两大类。地波天线包括鞭状天线、倒 L 形天线、T 形天线等。这类天线发射出的电磁波是全方向的，并且主要以地波的形式向四周传播，故称全向地波天线，常用于近距离通信。地波天线的效率主要看天线的高度和地网的质量。天线越高、地网质量越好，发射效率越高，当天线高度达到 1/2 波长时，发射效率最高。

天波天线主要以天波形式发射电磁波，分为定向天线和全向天线两类。典型的定向天波天线有：双极天线、双极笼形天线、对数周期天线、菱形天线等。它们以一个方向或两个相反方向发射电磁波，用天线的架设高度来控制发射仰角。典型的全向天波天线有：角笼形天线、倒 V 形天线等。它们是以全方向发射电磁波，用天线的高度或斜度来控制发射仰角。

天波天线简单的规律为：天线水平振子长度达到 1/2 波长时，水平波瓣主方向的效率最高；天线高度越高，发射仰角越低，通信距离越远；反之，天线高度越低，发射仰角越高，通信距离越近；天线高度与波长之比（H/λ）达到 1/2 时，垂直波瓣主方向的效率最高。

1. 鞭状天线

鞭状天线是一种小型、轻便的直立天线，多是可伸缩、可弯曲的有顶载或无顶载的垂直接地天线，其外形如鞭状，故称为鞭状天线。它沿地面方向的电场最强，而其他高射角方向发射较弱或者为零，架设时通常是垂直架设，故又称为直立天线或垂直天线。

（1）鞭状天线的特点、用途

结构简单，使用携带方便，便于隐蔽和伪装，适于运动中的无线电台使用。其主要缺点是效率低，主要表现在：与周围环境耦合较紧，当邻近天线的物体或地面的条件变化时，天线的输入阻抗也相应变化，从而导致天线回路的失谐，造成发射时辐射功率的下降或接收时信噪比的变劣。

（2）鞭状天线的结构组成

鞭状天线按其结构上的区别，可分为拉杆式、接杆式和蛇骨式等。拉杆式由一层套一层的金属管套接组成；接杆式由可拆开的一节节硬金属杆以螺纹等形式连接而成；蛇骨式则由很多有孔的金属环套在一根钢丝绳上构成，如图 8-5 所示。

（3）鞭状天线的方向图

如图 8-6 所示，当 $H/\lambda < 0.5$ 时，方向图没有副波，沿地面方向辐射最强；当 $0.5 < H/\lambda < 0.7$ 时，天线上出现反相电流，辐射场空间叠加，使方向图出现副波瓣，沿地面方向的辐射最强；当 $H/\lambda > 0.7$ 时，最大辐射方向偏离地面，可发射天波。

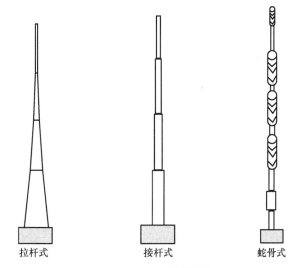

图 8-5 鞭状天线的结构

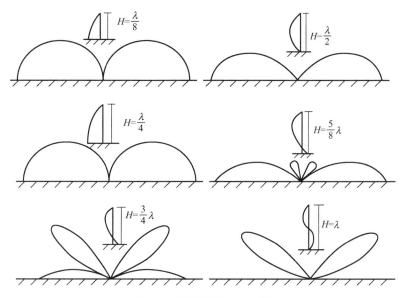

图 8-6 鞭状天线的方向图

2. 短波全频段多馈多模全向天线

短波全频段多馈多模全向天线是一种具有宽频带、全向、能同时辐射高低仰角波束的天线，可以实现全方位，远、中、近距离的通信。

多馈：指一副天线可供三部收、发信机同时工作。

多模：指一副天线可形成 3 个主波束；其中 2 个高角波束，1 个低角波束，因此可同时实现近、中远距离通信。高角波束也叫高角模，低角波束也叫低角模。

全向：指天线可在 360°方向上实现通信，也就是可在全方位近、中远的距离上同时完成一点对多点的通信联络。

（1）短波全频段多馈多模全向天线特点和用途

天线为单塔倒锥对数周期螺旋线结构，配以特制的馈电网络，可同时供三部或三部以上发射机使用，在一定的条件下，也可收发同时使用。该天线在水平平面为全向辐射，在垂直平面具有三种不同辐射仰角的波束，因此可在全方位近、中、远的不同距离上，同时进行一点对多点或多点对一点的通信。短波全段多馈多模全向天线具有波段宽、可全方位收发信、能供三部收发信机同时工作等特点，常用于近、远距离的固定台站通信。

（2）短波全频段多馈多模全向天线的结构组成

多馈多模全向天线主要由垂直的钢管主塔、六根玻璃钢管支撑的天线幕、核心部件馈电网络、上下拉线等四部分组成，如图8-7所示。

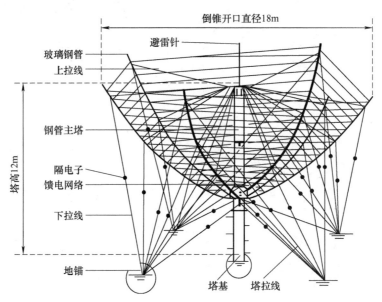

图8-7　多馈多模全向天线的结构

3. 三线式高效宽带天线

（1）三线式高效宽带天线的优点

三线式高效宽带天线的两极由三条平行振子组成，工作频段为2～30MHz，不用天调。与普通双极宽带天线相比，三线天线具有以下显著优势：

1）三线天线有3～5dBi的相对增益，而且在全频段基本上保持2:1以下的优异驻波比，而普通宽带天线在很多频率上的驻波比超过2.5:1，因此三线天线的辐射效率明显高于普通宽带双极天线。

2）普通双极天线重心偏斜，随风摆动，状态不稳定，影响通信效果且容易损坏。而三线天线的形态和结构非常合理，架设后三条振子始终保持水平，性能稳定，且抗风能力强，不易损坏。

3）普通宽带天线只能平拉架设，而三线天线有平拉和倒"V"两种架设方式，具有多种用途。

4）三线天线在近距离（覆盖盲区）的通信效果远比普通双极天线和笼形天线更佳，中远距离通信效果也相当好。

（2）三线天线的两种架设方式及其不同用途

1）平拉架设（用于定向通信）：这种架设方式在天线的宽边方向的辐射强于窄边方向（如东西向架设时，南北向为宽边），因此适合点对点、点对扇面定向通信。配用 125W 电台最大通信距离可达 2000 ~ 3000km。两侧支架高度以 $\lambda/4$ 为佳（如 $F = 10$MHz，支架最佳高度约 7.5m），通常以常用频率的均值设计支架高度。若受场地限制，也可以利用建筑物作为支架。

说明：三线天线长度取决于最低工作频率，提供 30m 和 50m 两种标准长度，均满足 1.6 ~ 30MHz 下限工作频率。如果实际使用的下限频率较高，可以适当缩短天线长度。

平拉架设主要用于点对点定向通信或点对扇面的通信。三线天线平拉架设方法与普通宽带天线相同，都是在天线的两端架设高杆，将天线在两杆之间拉直。但是三线天线平拉架设的方向图与普通宽带天线不同。在较低频率下，普通宽带天线的方向图是双球形，方向性强，在天线的窄边方向没有辐射；而三线天线的方向图是椭圆形，不仅在宽边方向辐射很强，在窄边方向也有一定的辐射。因此三线天线在平拉状态下能够兼顾窄边方向的通信，适应性比普通宽带天线要强得多。

2）倒 V 架设（用于全方向通信）：倒 V 架设是将天线中央部位悬挂在支撑杆顶端，两边斜向拉直，振子对地夹角约 55°。这种架设方式产生全方位辐射，而且兼顾水平极化波和垂直极化波，对外围各方向的水平天线、鞭状天线、环状天线的通信效果都很好，适合做中心站天线，配用 125W 电台通信半径可达 1500km。天线长度为 30m 时，中央架高 15m，两侧架高 2m，间距 18m。

倒 V 架设方式是三线天线独有的方式。这种架设方式产生 360° 全向辐射，在较低频率下还能够产生高仰角辐射，因此能够胜任通信网的中心站天线。特别是对于移动中心站通信，三线天线的优势更为明显。

4. 对数周期天线

对数周期天线具有较强的方向性和天线增益等特点，常用于要求比较高的远距离定向通信，特别适用于短波天波通信。

1）对数周期天线几何结构（形状和尺寸）是按频率的对数规律排列的。

2）对数周期天线的电特性是按频率成对数周期关系变化的，在每一个周期内的变化很小，因而在很宽的频带范围内变化也很小。

3）对某一频率来说，对数周期天线只有一部分单元工作（辐射电波），其余单元都不工作。工作频率改变时，则变为另一部分单元工作。

常用对数周期天线种类很多，其中对称振子式等对数周期天线最为常用，如图 8-8 所示。

5. 笼形天线

（1）笼形天线主要特点及用途

笼形天线是双极天线的改进型，它比双极天线工作频带宽，天线与馈线的匹配程度也比双极天线好，其结构比双极天线复杂，不便于架设和撤收、隐蔽，不适合移动电台使用，适用于固定通信台站。

图 8-8　对称振子式等对数周期天线及其方向图

（2）笼形天线结构组成

如图 8-9 所示，两个振子分别用三个直径 1~3m 的金属笼圈和六根 3~4mm 的硬铜线或铜包钢线做成，中间的下引线（馈线）用直径为 3~4mm 的硬铜线或铜包钢线做成。笼形天线振子的两端逐渐缩小，最后将所有导线集合在一起。这样做的目的，是为了减少馈电处的分布电容，从而使天线与馈线保持良好的匹配。金属笼圈可用强度高、质量轻的金属材料做成，如薄壁钢管、薄壁铁管、铜管、弹簧钢等制作。

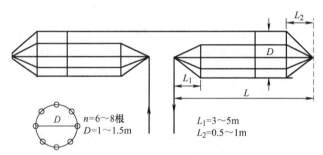

图 8-9　笼形天线结构示意图

（3）笼形天线的特性阻抗和波段范围

1）笼形天线的特性阻抗计算公式：

$$Z_C = 120\left(\ln\frac{2L}{a_e} - L\right) \tag{8-1}$$

式中，a_e 为笼形天线的等效半径（即相当于有相同特性阻抗的实心导体的半径），它由导线数目 n、导线直径 d 和笼形半径 a 等决定。其计算公式为

$$a_e = a\sqrt[n]{\frac{nd}{2a}} \tag{8-2}$$

根据笼形天线的结构组成知道笼形天线的振子臂一般由 6~8 根的导线做成，每根导线的直径约 3~4mm，金属笼圈的直径约 1~3m，故天线的特性阻抗为 250~400Ω。

2）笼形天线的特性阻抗与双极天线的特性阻抗比相对较低，天线的输入阻抗在波段范围内变化也比较平稳，易于馈线在波段内匹配。所以笼形天线的工作波段比双极天线宽，其使用的波段范围如下。

发信机：$L/\lambda = 0.25 \sim 0.625$。

收信机：基本波段 $L/\lambda = 0.25 \sim 0.625$；允许波段 $L/\lambda = 0.19 \sim 0.66$。

表 8-1 为笼形天线的通用尺寸。

表 8-1 笼形天线通用尺寸

频率范围/MHz	工作波段/m		振子臂长 L/m	跨度 l/m	垂度 f/m
	常用	允许			
9.4 ~ 23.4	12.8 ~ 32.0	11.4 ~ 40.0	8.0	22.0	1.0
8.3 ~ 20.8	14.4 ~ 36.0	12.9 ~ 45.0	9.0	24.0	1.1
7.5 ~ 18.7	16.0 ~ 40.0	14.3 ~ 50.0	10.0	26.0	1.2
6.8 ~ 17.0	17.6 ~ 44.0	15.7 ~ 55.0	11.0	28.0	1.3
6.3 ~ 15.6	19.2 ~ 48.0	17.2 ~ 60.0	12.0	30.0	1.4
5.8 ~ 14.4	20.8 ~ 52.0	18.8 ~ 65.0	13.0	32.0	1.7
5.4 ~ 13.4	22.4 ~ 56.0	20.0 ~ 70.0	14.0	34.0	1.8
5.0 ~ 12.5	24.0 ~ 60.0	21.4 ~ 75.0	15.0	36.0	1.9
4.7 ~ 11.7	25.6 ~ 64.0	22.9 ~ 80.0	16.0	38.0	2.0
4.4 ~ 11.0	27.2 ~ 68.0	24.3 ~ 85.0	17.0	40.0	2.1
4.2 ~ 10.4	28.9 ~ 72.0	25.7 ~ 90.0	18.0	42.0	2.2
3.9 ~ 9.9	30.4 ~ 76.0	28.2 ~ 95.0	19.0	44.0	2.4
3.7 ~ 9.4	32.0 ~ 80.0	28.6 ~ 100.0	20.0	46.0	2.5
3.6 ~ 8.9	33.6 ~ 84.0	30.0 ~ 105.0	21.0	48.0	2.6
3.4 ~ 8.6	35.1 ~ 88.0	31.4 ~ 110.0	22.0	50.0	2.7
3.3 ~ 8.2	36.8 ~ 92.0	32.9 ~ 115.0	23.0	52.0	2.8
3.1 ~ 7.8	38.2 ~ 96.0	34.3 ~ 120.0	24.0	54.0	3.0
3.0 ~ 7.5	40.0 ~ 100.0	35.7 ~ 125.0	25.0	56.0	3.1
2.9 ~ 7.2	41.6 ~ 104.0	37.2 ~ 130.0	26.0	58.0	3.5
2.8 ~ 6.9	43.2 ~ 108.0	38.6 ~ 135.0	27.0	60.0	3.6
2.7 ~ 6.7	44.8 ~ 112.0	40.0 ~ 140.0	28.0	62.0	38
2.6 ~ 6.5	46.5 ~ 116.0	41.5 ~ 145.0	29.0	64.0	3.9
2.5 ~ 6.3	48.0 ~ 120.0	42.9 ~ 150.0	30.0	66.0	4.0

6. Γ形天线

(1) Γ形天线的特点、用途

Γ形天线属于不对称的地波天线,结构简单、架设方便、便于机动,适合野战电台使用。这种天线的效率也比较低,但比鞭状天线的效率高。

(2) Γ形天线的结构组成

Γ形天线相当于鞭状天线顶端增加了一个水平臂,水平臂可由单导线或 3 ~ 4 根并排导线组成。其外形像倒置的英文字母"L",故又称为倒 L 形天线,如图 8-10 所示。它与鞭状天线在结构上不同之处是增加了一个水平臂,使 Γ形天线在水平方向上具有方向性。

(3) Γ形天线架设时对方向性的选择

Γ形天线的方向性取决于水平臂长度 L 与架设高度 H 的关系:

1) 当天线架高度 H 较低,且 L < H 时,其方向性与加顶鞭状天线相同,可以把 Γ形天线看成加顶负载的鞭状天线,如图 8-11 所示。

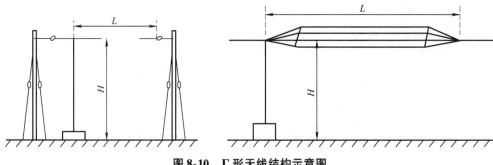

图 8-10 Γ 形天线结构示意图

2）当天线架设较高，水平臂较短时，水平部分发射较弱的天波，垂直部分发射较强的地波，如图 8-12 所示。

图 8-11 H 较低，L 较短   图 8-12 H 较高，L 较短

3）当天线架高在 8m 以上，水平臂长 $L > H$，并接近 $\lambda/4$ 时，主要发射天波，如图 8-13 所示。

4）天线架设较低，水平臂较长，且都小于 $\lambda/4$ 时，主要发射地波，最大辐射方向在水平臂伸展的相反方向，如图 8-14 所示。

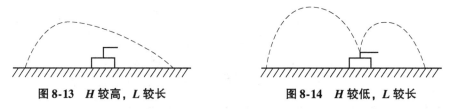

图 8-13 H 较高，L 较长   图 8-14 H 较低，L 较长

（4）Γ 形天线架设时长度和高度的选择原则

Γ 形天线 $L + H$ 的值不能超过 0.5λ，否则天线将出现反相电流，使天线性能变差。一般 L 与 H 的尺寸差不多，L 可稍长于 H。例如工作波段为 $1 \sim 6$MHz 时，L 和 H 的尺寸分别是 12m 和 10m。军用小型电台使用的 Γ 形天线，一般架设得较低，常在图 8-10 所示的情况下工作，这时它的水平臂的作用是：使天线垂直部分电流分布均匀，提高了天线的有效高度；使水平方向上具有方向性。

7. 伞锥天线

（1）工作原理

套筒单级子天线是最简单的垂直极化全向天线。为展宽频带，把与同轴线内导体相连接的单极子变成有一定长度的金属圆盘；把与同轴线外导体相连接的套筒变成圆锥，套筒单极子天线就变成了宽频带盘锥天线，如图 8-15 所示。当天线工作频段落在 $4.5 \sim 26$MHz 的频段，甚至 $2 \sim 30$MHz，由于盘锥天线的盘变得很大，在工程上很难实现，为此需要把盘锥天线作些变形——变成伞锥，即把盘锥的盘变成像伞一样的许多伞线，把盘锥由固定夹角构成的金属锥变成由不同夹角折线构成的许多圆锥线，如图 8-16 所示。

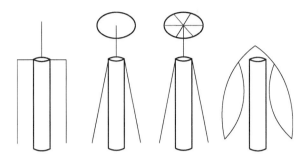

图 8-15　伞锥演变过程图

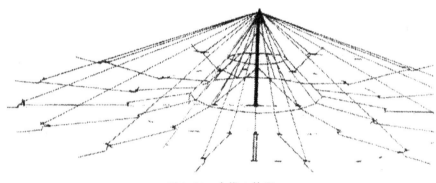

图 8-16　伞锥立体图

伞锥天线由支撑杆支撑，用高频同轴馈管电缆在支撑杆的顶部馈电，同轴线的内导体与伞线相连，伞线的末端用高频绝缘子隔开并固定在外地锚上。位于锥线下端呈指数变化的圆锥线上端与同轴线的外导体相连，再延长到伞线的外地锚上。

（2）天线耐受功率

耐受功率可以通过选择合理的导线线径和绝缘尺寸来实现，拟选用 $\phi 3$ 不锈钢钢丝绳作为天线导线，能保证天线承受功率的要求；不锈钢钢丝绳具有抗腐蚀、不需用护套的优点，保证了天线的使用寿命。

该天线功率容量要求大于 25kW，天线面振子线、天线末端、天线馈电盘、绝缘子、馈管都必须满足功率要求。绝缘子、馈管可以通过选型来满足功率要求；振子线采用 $\phi 4$ 不锈钢钢丝绳，只要振子线能够满足功率要求，整个天线就可以满足功率要求。

偶极子最大容许功率由下式计算。最大场强出现在距离阵子线末端的 $\lambda/4$ 处，则

$$E_K = \frac{120\sqrt{2PU_K}}{ndw} \tag{8-3}$$

式中，P 为输入功率（kW）；U_K 为功率 1kW 阵子线末端处电压有效值；n 为偶极子导线数，$n=1$；d 为导线直径，$d=0.4$cm。计算可得 $E_K=2857$V/cm，$w=22\Omega$，则容许功率为

$$P = \frac{(ndwE_K)^2}{28800U_K} \tag{8-4}$$

计算可得 $P=2$kW。

8. 双极天线

（1）双极天线的特点、用途

双极天线结构简单，架设、撤收、维护方便，一般用于网路或专向通信。它的通信效率比地波天线高，当其架设高度小于 0.3λ 时，向高空方向（仰角 90°）辐射最强。当通信距离较远时，这种天线增益较低，方向性不强（电波易产生多次跳越传播），且波段性能较差，故不宜采用。

（2）双极天线的结构组成

双极天线又称为水平对称振子或 π 形天线，它由臂长为 L 的两个臂组成，两臂的中间是下引线（馈线），振子臂和下引线可用单根铜线或铜包钢线做成，也可用多股软铜线，如图 8-17 所示。导线的直径根据所需的机械强度和功率容量决定，一般为 3～6mm。天线体与地面平行，两端用绝缘子与天线拉线相连，并用天线杆固定。为了降低绝缘子的介质损耗，绝缘子宜用高频瓷材料。为了避免在拉线上感应较大电流，应在距离振子两端 2～3m 处的拉线上再加一个绝缘子。因此，两根天线杆间的距离应为（2L + 5～6）m。当天线的长度 L = 12m 或 22m 时，其特性阻抗通常为 1000Ω 左右，馈线使用 10m 长的双导线，其特性阻抗为 600Ω。这就是移动通信常用的 44m 或 64m 双极天线。

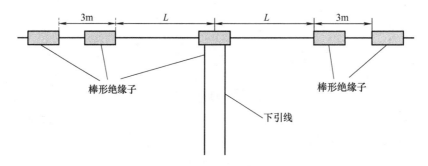

图 8-17　双极天线结构示意图

（3）双极天线的方向性

1）双极天线的垂直方向图。如图 8-18 所示，当双极天线的 H/λ < 0.3 时，只有一个波瓣，天线在高仰角的辐射最强，适合于 300km 以内的通信。当双极天线的 H/λ > 0.3 时，垂直方向出现多个波瓣，H/λ 越大，波瓣越多，并且最大辐射方向的仰角越底，所以在远距离通信时，应将天线架的高一些，天线架的越高，通信距离越远。

通过对图 8-18 的分析，可以把双极天线在不同架设高度时垂直平面内的方向图归纳如下：

① 垂直平面内的方向图与天线架设高度有关，而与振子长度无关。

② 不论天线架高为何值，沿地面方向均无辐射。

③ 当 H/λ < 0.25 时，在 Δ = 60°～90° 范围内场强变化不大，电场最大值在仰角为 90° 方向上。天线在高仰角时，通常用于 0～300km 范围内的天波通信。

④ 当 H/λ > 0.3 时，天线最强辐射方向不仅一个。

2）双极天线的水平方向图。双极天线的水平方向性由仰角 Δ 和振子长度 L 共同决定。

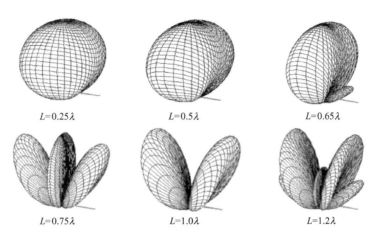

图 8-18　双极天线的垂直方向图

因为发射仰角 Δ 与天线高度 H 之间的关系是 $\sin\!\varDelta = \lambda / (4H)$，所以双极天线的水平方向同时受振子长度和架设高度的影响。如图 8-19 所示，当振子的长度 L 小于波长的 0.7 倍时，双极天线的最大辐射是在与振子垂直的方向上；当 L/λ 的值大于 0.7 时，与轴垂直方向上的辐射减小；当 $L/\lambda = 1$ 时，在轴的垂直方向上，没有辐射。

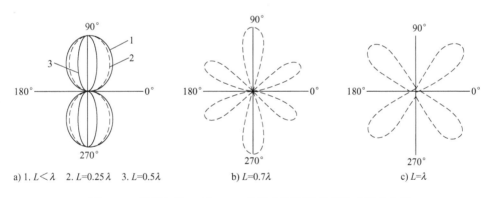

a) 1. $L < \lambda$　2. $L = 0.25\lambda$　3. $L = 0.5\lambda$　　　　b) $L = 0.7\lambda$　　　　c) $L = \lambda$

图 8-19　当仰角为 0°时，L/λ 值改变时双极天线的水平方向图

从图 8-20 中可以得之，仰角越大，天线的方向性越不明显，尤其是在 L/λ 较小时的高仰角方向图，几乎接近于圆。在 300km 以内的通信时，对天线架设的方向就可不作严格要求。

根据双极天线的垂直方向图和水平方向图分析可知：①天线长度只影响水平面的方向图，而对垂直平面没有影响。天线架设高度只影响垂直平面的方向图，而对水平方向图无影响。因此，控制天线长度可以控制水平方向图；控制天线的架设高度可以控制垂直平面的方向图。②天线架设不高（$H/\lambda \leqslant 0.3$）时，在高仰角方向辐射最强，可用作 $0 \sim 300$km 距离的通信。③当远距离通信时，应根据通信距离选择通信仰角，再根据通信仰角确定天线的高度，保证天线最大辐射方向与通信方向一致。④为保证天线的垂直振子轴方向辐射最强，应使天线臂长 $L < 0.7/\lambda$。

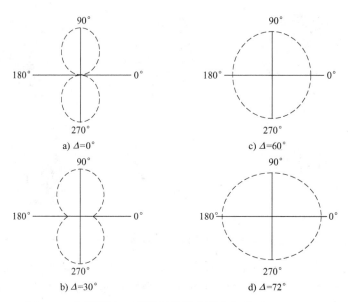

图 8-20　不同仰角，双极天线的水平方向图 （$L/\lambda = 0.25$）

8.2　短波天调与调谐

8.2.1　调谐基本原理

为了实现天线的自动调谐，天线自动调谐器通常由调谐参数检测单元、控制单元、天线匹配网络组成，如图 8-21 所示。天线自动调谐器的核心工作是在数字天线调谐器的基础上改变射频检测方式，重新设计控制单元，降低调谐功率至 0dBm，不断优化调谐算法，提高调谐精度，缩短调谐时间，以逐步实现快速、静默调谐。

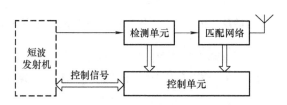

图 8-21　短波天线调谐器的组成框图

检测单元实时地检测调谐过程中匹配网络的调谐参数，为控制单元提供动态的匹配信息；匹配网络由一系列固定的电抗元件组成，通过射频继电器进行控制；控制单元的控制芯片接收来自短波电台的调谐指令和检测单元的当前匹配状态的动态信号，并进行计算处理，根据计算结果改变匹配网络的电抗元件值，从而实现天线调谐。

天线调谐器包括以下几项核心技术。

1. 矢量阻抗计算方法

矢量阻抗的计算是矢量阻抗测量模块的核心，同时又是天线调谐器调谐算法的基础，整个调谐过程也是围绕实时变化的天线阻抗进行的。矢量阻抗的计算主要分为 4 个步骤：

1）信号的取样和混频处理，由电桥取样电路和混频电路完成。

2）信号的 A/D 转换。

3）信号的希尔伯特变换，根据希尔伯特变换计算矢量阻抗。

4）天线阻抗的计算，根据测量点的矢量阻抗，按照传输线理论计算实时天线阻抗。

矢量阻抗的具体计算过程如下，其中 A_U、A_I、φ_U、φ_I 分别表示电压、电流取样信号的幅度和相位。

（1）设电压、电流取样电路获得的取样信号为

$$\begin{cases} U_U(t) = A_U\sin(2\pi f_{RF}t + \varphi_U) \\ U_I(t) = A_I\sin(2\pi f_{RF}t + \varphi_I) \end{cases} \qquad (f_{RF} = 调谐频率) \tag{8-5}$$

（2）混频后获得的 8kHz 的中频（IF）信号为

$$\begin{cases} U_U(t) = A_U\sin(2\pi f_{IF}t + \varphi_U) \\ U_I(t) = A_I\sin(2\pi f_{IF}t + \varphi_I) \end{cases} \qquad (f_{IF} = 8kHz) \tag{8-6}$$

（3）A/D 转换后获得离散信号

采样频率为信号频率的 N 倍，即每个信号周期采样 N 个点（实际使用时采样频率为 64kHz，每个信号周期采样 8 个点）。

$$\begin{cases} U_U(n) = A_U\sin\left(\dfrac{2\pi n}{N} + \varphi_U\right) \\ U_I(n) = A_I\sin\left(\dfrac{2\pi n}{N} + \varphi_I\right) \end{cases} \tag{8-7}$$

（4）计算 $\hat{U}_U(n)$、$\hat{U}_I(n)$

按照上述算法，求得 $U_U(n)$、$U_I(N)$ 的希尔伯特变换 $\hat{U}_U(n)$、$\hat{U}_I(n)$，即

$$\begin{cases} \hat{U}_U(n) = -A_U\cos\left(\dfrac{2\pi n}{N} + \varphi_U\right) \\ \hat{U}_I(n) = -A_I\cos\left(\dfrac{2\pi n}{N} + \varphi_I\right) \end{cases} \tag{8-8}$$

（5）计算 $U_U(n)$、$U_I(n)$ 的幅值

根据三角函数恒等式的性质 $\sin^2\theta + \cos^2\theta = 1$，对 $U_U(n)$ 和 $\hat{U}_U(n)$、$U_I(n)$ 和 $\hat{U}_I(n)$ 的平方分别求和，可以得到

$$\begin{cases} \displaystyle\sum_{n=0}^{N-1}\left[U_U^2(n) + \hat{U}_U^2(n)\right] = \sum_{n=0}^{N-1}\left[A_U^2\sin^2\left(\dfrac{2\pi n}{N} + \varphi_U\right) + A_U^2\cos^2\left(\dfrac{2\pi n}{N} + \varphi_U\right)\right] = NA_U^2 \\ \displaystyle\sum_{n=0}^{N-1}\left[U_I^2(n) + \hat{U}_I^2(n)\right] = \sum_{n=0}^{N-1}\left[A_I^2\sin^2\left(\dfrac{2\pi n}{N} + \varphi_I\right) + A_I^2\cos^2\left(\dfrac{2\pi n}{N} + \varphi_I\right)\right] = NA_I^2 \end{cases} \tag{8-9}$$

因此

$$\begin{cases} A_U = \sqrt{\dfrac{1}{N}\displaystyle\sum_{n=0}^{N-1}\left[U_U^2(n) + \hat{U}_U^2(n)\right]} \\ A_I = \sqrt{\dfrac{1}{N}\displaystyle\sum_{n=0}^{N-1}\left[U_I^2(n) + \hat{U}_I^2(n)\right]} \end{cases} \tag{8-10}$$

（6）计算 $U_U(n)$、$U_I(n)$ 的相位

分别求得 $\hat{U}_U(n)$ 和 $U_U(n)$、$\hat{U}_I(n)$ 和 $U_I(n)$ 的比值，约去 A_U、A_I，可以得到

$$\begin{cases} \dfrac{\hat{U}_U(n)}{U_U(n)} = \dfrac{-A_U\cos\left(\dfrac{2\pi n}{N}+\varphi_U\right)}{A_U\sin\left(\dfrac{2\pi n}{N}+\varphi_U\right)} = -\dfrac{\cos\left(\dfrac{2\pi n}{N}+\varphi_U\right)}{\sin\left(\dfrac{2\pi n}{N}+\varphi_U\right)} = \tan\left(\dfrac{2\pi n}{N}+\varphi_U\right) \\[4mm] \dfrac{\hat{U}_I(n)}{U_I(n)} = \dfrac{-A_I\cos\left(\dfrac{2\pi n}{N}+\varphi_I\right)}{A_I\sin\left(\dfrac{2\pi n}{N}+\varphi_I\right)} = -\dfrac{\cos\left(\dfrac{2\pi n}{N}+\varphi_I\right)}{\sin\left(\dfrac{2\pi n}{N}+\varphi_I\right)} = \tan\left(\dfrac{2\pi n}{N}+\varphi_I\right) \end{cases} \tag{8-11}$$

$$\begin{cases} \dfrac{2\pi n}{N}+\varphi_U = \arctan\left[\dfrac{\hat{U}_U(n)}{U_U(n)}\right] \\[4mm] \dfrac{2\pi n}{N}+\varphi_I = \arctan\left[\dfrac{\hat{U}_I(n)}{U_I(n)}\right] \end{cases} \tag{8-12}$$

因此

$$\varphi_U - \varphi_1 = \frac{1}{N}\sum_{n=0}^{N-1}\left\{\arctan\left[\frac{\hat{U}_U(n)}{U_U(n)}\right] - \arctan\left[\frac{\hat{U}_I(n)}{U_I(n)}\right]\right\} \tag{8-13}$$

（7）计算矢量阻抗

令 $A_U/A_I = A$，$\varphi_U - \varphi_I = \varphi$，则

$$\mathbf{Z} = \frac{\dot{U}_U}{\dot{U}_I} = \left|\frac{A_U}{A_I}\right| \angle (\varphi_U - \varphi_I) = |A| \angle \varphi = |A|\cos\varphi + \mathrm{j}|A|\sin\varphi \tag{8-14}$$

2. 天线阻抗计算方法

（1）设 $\mathbf{Z} = R + \mathrm{j}X$，则

$$\begin{cases} R = |A|\cos\varphi \\ X = |A|\sin\varphi \end{cases} \tag{8-15}$$

（2）计算 θ

$$\theta = 2\pi lf/C$$

式中，l 为取样点与负载之间的距离（m）；f 为调谐频率（Hz）；C 为光速，$C = 3\times10^8\,\mathrm{m/s}$。

（3）将 $\mathbf{Z}$、$\mathbf{Z}_0$、θ 代入下式就可以得到天线阻抗 $\mathbf{Z}_a$，即

$$\mathbf{Z}_a = \mathbf{Z}_0\frac{\mathbf{Z}-\mathrm{j}\mathbf{Z}_0\tan\theta}{\mathbf{Z}_0 - \mathrm{j}\mathbf{Z}\tan\theta} \tag{8-16}$$

电压、电流取样电路的电压和电流取样不可能在同一位置，即存在 $\Delta\theta = 2\pi\Delta lf/C$ 的误差。这个误差对天线阻抗 $\mathbf{Z}_a$ 存在两个方面的影响：

1）取样点阻抗 $\mathbf{Z}$ 存在误差，即 $\varphi = \varphi_U - \varphi_I$ 存在误差，对 $A = A_U/A_I$ 没有影响。

2）取样点与天线之间的距离 θ 存在误差。

因此，在算法中要对误差进行补偿。这两种误差的补偿方法是一致的，即以电压取样线为基准，补偿电流取样线的 $\Delta\theta$。在矢量阻抗的算法中，也可以根据硬件电路的实际测量误差来确定 $\Delta l = l_U - l_I$，尽量提高矢量阻抗的精度。

3. 矢量天线调谐算法

矢量天线调谐器可以直接采样出天线的射频阻抗，根据天线的射频阻抗直接一次调整匹配网络的各项参数完成匹配，避免了使用原来传统的试探算法测量，加快了天线的匹配速度，提高了匹配精度。在矢量天线调谐器中 L_1 与 C_1 构成 Γ 形网络为主调谐网络，主调谐网络理论可匹配的区域如图 8-22 所示。在匹配过程中阻抗的变化过程如图 8-23 所示。

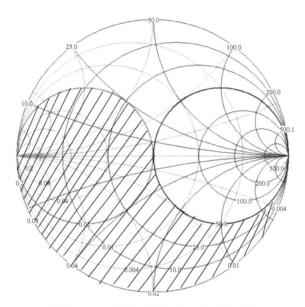

图 8-22　主调谐网络理论可匹配的区域

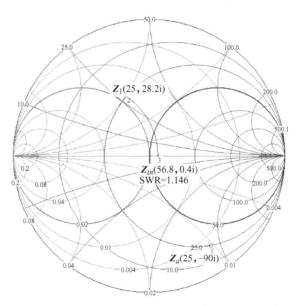

图 8-23　主调谐网络匹配过程中阻抗的变化过程示意图

模拟 L_1 与 C_1 构成 Γ 形网络为主调谐网络的调谐过程。在 5MHz 频率时设定天线阻抗为 $Z_a = 25 - 90\mathrm{i}$，先进行电感匹配。电感要加到尽量接近等电导圆的位置，这样在下一步进行电容匹配时才能使匹配后的最终阻抗接近 50Ω。一个点的阻抗用 $(R_s\mathrm{i}, X_s\mathrm{j})$ 表示，那么等电导圆的方程可表示为 $(R_s\mathrm{j}-25)^2+X_s\mathrm{j}^2=25^2$。在判断时，用测量到的 $R_s\mathrm{i}$ 计算，当阻抗的实部为 $R_s\mathrm{i}$ 时等电导圆上的阻抗的虚部 $TR_s\mathrm{j}=\sqrt{50R_s\mathrm{i}-R_s\mathrm{i}^2}$，那么结合所要加入的电感值可以得到：$TR_s\mathrm{j}-X_s\mathrm{j}=\omega L$，也就是 $L=(TR_s\mathrm{j}-X_s\mathrm{j})/2\pi f$，代入 $TR_s\mathrm{j}$ 的值可以得到所需要匹配的电感 L 的值：

$$L=(\sqrt{50R_s\mathrm{i}-R_s\mathrm{i}^2}-X_s\mathrm{j})/2\pi f \tag{8-17}$$

假设天线阻抗在 $4.74\mathrm{MHz}$ 时为 $\boldsymbol{Z}_a=25-90\mathrm{i}$，那么其对应等电导圆上的位置点为 $\boldsymbol{Z}_a'=25+25\mathrm{i}$，所以在此情况下 $L=[25-(-90)]/(2\pi\times4.74\times10^6)$，可以得到 $L=3.86\mu\mathrm{H}$。由于电感设置值的情况，取 $L=3.8\mu\mathrm{H}$ 接入，变换到 $\boldsymbol{Z}_1=25+28.2\mathrm{i}$，就完成了 Γ 形网络对电感的匹配。

在进行电容匹配时，同样可以由 $\boldsymbol{Z}_1$ 点的阻抗值，得到 $(R_{Z1}-R)^2+X_{Z1}^2=R^2$，代入 $\boldsymbol{Z}_1$ 的阻抗值，即 $(25-R)^2+28.2^2=R^2$，可以得到 $R=28.4\Omega$，从而得到最终的 $R_{Zin}=56.8\Omega$。由于调谐时要尽量使调谐后的网络效率最高，所以要尽量调谐到实数轴上，也就是最终调谐的值 $\boldsymbol{Z}_{in}$ 的虚部 $X_{Zin}=0$，所以 $C=R_{Z1}^2/2\pi f\times(2X_{Z1})$。就能得到 $C=533.3\mathrm{pF}$，由于电容的容值设计，最终取 $C=535\mathrm{pF}$。那么可以得到最终的 $\boldsymbol{Z}_{in}=56.8+0.4\mathrm{i}$，$\mathrm{SWR}=1.14$，电容 C 的匹配完成。

由上面的两个步骤就可以完成 L_1 与 C_1 构成 Γ 形网络为主调谐网络的调谐过程。其他网络元件组成的副调谐网络的任务就是把天线阻抗拉到 L_1 与 C_1 构成 Γ 形网络为主调谐网络可匹配的区域内。

8.2.2 典型短波调谐设备

短波天线调谐系统（以下简称短波天调）性能指标如表 8-2 所示。

表 8-2 国外在售短波天调主要性能指标

公司	型号	调谐范围/Ω	调谐时间/s	调谐功率/W	调谐驻波	承受功率/W
MFJ	MFJ-927	6~1600	<15	>2	<2.0	200
	MFJ-993B	6~1600	<20	>5	<2.0	300
YAESU	FC-30	16.5~150	<5	>4	<2	100
	FC-40	16.5~100	<10	>4	<1.5	100
ICOM	AH-4	—	<15	>5	<2.0	120
	AT-180	16.7~150	—	>8	<1.5	120
LDG	AT-100Proll	6~1000	<6	>1	—	125
	RT-100	4~800	<6	>0.1	—	125

表 8-2 中调谐时间指初次调谐时间，系统记忆调谐时间都可以达到 1s 以内。YAESU 与 ICOM 的研发重点在通信设备，而 MFJ 与 LDG 把天线调谐系统作为主力产品在研发。LDG 公司的短波天线自动调谐系统在微功率检测方面相对其他公司要好，其 RT-100 可以实现 0.1W 以下的调谐，阻抗调谐范围偏低，调谐时间可以控制在 6s 以内。

以 MFJ 公司的 MFJ-927 为例，其可以自动快速调谐多种天线，包括不平衡天线与单线天线等；采用的智能调谐算法使该天线自动调谐系统可以快速计算天线在发射频率处的复阻抗，以此为参考从而可以计算匹配调谐所需电感电容的参数大小；高效率、宽动态范围的调谐匹配网络实现整个短波范围内的快速调谐；可以承受 200W 的 SSB/CW 短波发射信号。系统详细性能指标如下：

1）阻抗匹配范围：$6 \sim 1600\Omega$。

2）电压驻波比匹配范围：当阻抗低于 50Ω 时，达到 8:1；当阻抗高于 50Ω 时，达到 32:1。

3）最小调谐功率：2W。

4）最大调谐功率：当发射机有反馈保护时为 100W；当发射机无反馈保护时为 20W。

5）最大发射功率：当发射信号是 SSB/CW 时为 200W。

6）频率范围：$1.8 \sim 30MHz$ 连续范围内。

7）调谐电容范围：$0 \sim 3961pF$。

8）调谐电感范围：$0 \sim 24.86\mu H$。

9）继电器耐电流、耐电压：10A 和 1000V。

10）继电器机械寿命：10 万次。

从 MFJ - 927 的性能介绍、技术指标中可以看出，其具有先进的矢量阻抗检测功能，大量数据的存储功能，但同时也存在调谐功率较高，切换开关只能采用继电器的方式设计等不足之处。在国内，单独将短波天调作为独立产品研制的公司较少，主要是将其作为电台的附属部件集成在短波电台内。以保利博通科技有限公司的 PBC - 456 短波天调为代表，其主要性能指标有：

频率范围：$1.6 \sim 30MHz$ 连续范围内。

输入峰值功率：$3 \sim 150W$。

调谐后驻波比：小于 2。

该产品属于国内研究较高水平，但其对天线长度有一定的要求，在 $3.5 \sim 30MHz$ 时的天线长度要求在 $2.5 \sim 25m$ 的范围内，具有一定的使用限制。另外，国内的一些研究机构也在积极探索研究基于矢量阻抗检测技术的短波天线自动调谐系统。其中常见的技术途径主要有：

1）首先系统本身产生两路具有确定频率相位关系的短波信号；一路经电压电流取样放大后与另外一路进行混频，滤波取混频后的差频，即下变频处理；数字处理器首先对混频输出的低频信号进行采样；采样后的信号再由数字信号处理器通过算法计算天线的矢量阻抗值。

这种方式需在系统中多加入两路 DDS 信号源以及混频模块等，模块设计复杂。实际的测量精度会受产生信号的质量、电压电流采样电路精度、两混频器一致性设计等的影响。

2）通过在电路中加入确定参数的电容电感后，列出多个方程式，通过数字处理器解出天线阻抗的参数。这种方式实现结构简单，但阻抗的测量精度会受加入电容电感精确度以及参数测量精度的影响。从文献资料中可以看出，对矢量阻抗检测技术的原理研究较多，在仿真环境中，很多参数都被理想化，这使得仿真的结果往往可以达到预期效果。但在实际系统实现时，受各模块检测精度以及元器件精度的影响，则会出现无法预期的实现结果。因此，在可查到的文献中，矢量阻抗检测的实现基本上还是处于实验室阶段，市场上还没有类似产品的出现。

8.3 短波天线工程设计

8.3.1 场地部署和天线选型

1. 正确架设天线和连接馈线

选购好合适的天线后，还必须正确地安装架设，才能发挥出最佳效果。天线的长度和架设规范是不能改变的，但对于某些天线而言，架设的方向和高度是靠用户自己掌握的，应严格按通信的方向和距离来确定方向和高度。天线的架设位置以开阔的地面为好，没有条件的单位也可以架在两个楼房之间或楼顶。天线高度指天线发射体与地面或楼顶的相对高度。架在楼顶时，高度应以楼顶与天线发射体之间的距离计算，不是按楼顶与地面的高度计算。

馈线是将电台的输出功率送到天线进行发射的唯一通道，如果馈线不畅通，再好的电台和天线通信效果也是很差的。馈线分为明馈线和射频电缆两类。目前 100 ~ 150W 电台一般都使用射频电缆馈电方式。选用射频电缆时要注意两项指标：一是阻抗为 50Ω；二是对最高使用频率的衰耗值要小。一般来讲，射频电缆直径越粗，衰耗越小，传输功率越大。在实际使用中，100W 级短波单边带电台，常选用 SYV - 50 - 5 或 SYV - 50 - 7 的射频电缆，必要时也可以选 SYV - 50 - 9 的射频电缆。

天线在进行安装选位和布设时，应尽可能缩短馈线的长度，普通 SYV - 50 - 5 馈线每 1m 造成信号衰减 0.082dB，这意味着 100W 电台功率通过 50m 馈线送达天线时，功率剩下不到 40W。因此通常要求馈线长度控制在 30m 以内。如果因为场地条件限制必须延长馈线，则应采用大直径低损耗电缆。另外在布设电缆时，应尽量减少弯曲，以降低对射频功率的损耗，如果必需弯曲，则弯曲角度不得小于 120°。

2. 电台和天线的匹配

天线、馈线、电台三者之间的匹配必须引起高度重视，否则，虽然电台、天线、馈线都选得很好，但通信效果还是不好。

所谓"匹配"就是要求达到无损耗连接，只有电台、馈线、天线三者保证高频输入、输出阻抗一致，才能实现无损耗连接。多数短波电台的输入、输出阻抗为 50Ω，必须选用阻抗为 50Ω 的射频电缆与电台匹配。天线的特性阻抗比较高，一般为 600Ω 左右，只有宽带天线的特性阻抗稍低一点，大约 200 ~ 300Ω，因此，天线不能直接与射频电缆连接，中间必须加阻抗匹配器（也叫单/双变换器）。阻抗匹配器的输入端阻抗必须与射频电缆的阻抗一致（50Ω），输出端阻抗必须与天线的输入阻抗一致（600Ω 或 200/300Ω）。阻抗匹配器的最佳安装位置是与天线连为一体。

自动天线调谐器也是匹配天线和电台阻抗用的。自动天调的输入端与电台连接，输出端与单极天线连接。自动天调与偶极天线连接时要根据不同产品而定。有些天调要求加单/双变换器，天调与单/双变换器之间用 50Ω 射频电缆相连（芯线接天调输出端，外皮接天调的接地端），单/双变换器的双输出端与天线连接；多数新型天调不用加单/双变换器，用天调的输出端和接地端分别连接偶极天线的两臂，匹配效果更好，而且效率更高。

3. 正确埋设接地体和连接地线

地线是很多用户容易草率处理的问题。短波通信台站的地线是至关重要的，地线实际上是整个天馈线系统的重要组成部分。此处的地线，不是交流供电系统中的电源地。这里所说的地线是信号地，也称高频地。信号地一般不能接到电源地上，必须单独埋设。埋设接地体时，必须按有关标准进行，接地电阻不应大于 4Ω。电台的接地柱和接地体之间，必须用多股线铜、编织铜线或大截面优良导体连接，才能起到良好的高频接地作用。而良好的高频接地是减小发射驻波和减小接收噪声的必要前提。同时，接地线还有一个重要因素，那就是对操作员人身安全起到保护作用。

8.3.2　链路损耗和天线定位

1. 链路损耗计算

短波电波传播的理论已比较成熟，电波传播的链路损耗模型也有多种，这些模型大多都是根据各个国家在不同区域和地形条件下，测得大量现场实测数据，并经过数值统计的方法获得的，主要由经验公式和经验曲线组成。

天波传播损耗不仅和频率、距离有关，还和收、发天线的高度、地形、地物等有关；尤其短波天波通信是以电离层为传输媒介，电离层的密度随昼夜、季节、太阳活动周期和经纬度变化而变化，因此传输损耗也受这些实时变化因素影响，精确计算非常困难。工程中常采用插值查表的方法求得传播损耗。

短波天波的传输损耗模型如图 8-24 所示，除去天线和馈线部分的空间电磁波损耗（称为基本传输损耗），可以分为自由空间损耗、电离层吸收损耗、大地反射损耗和额外系统损耗。下面分别介绍几种损耗的计算方法。

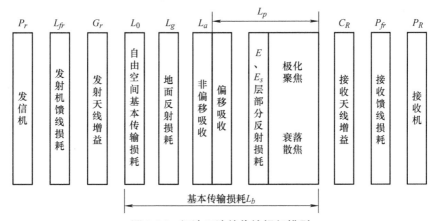

图 8-24　短波天波的传输损耗模型

（1）自由空间损耗

自由空间本身不吸收能量，但是由于传播距离的增大，发射天线的功率分布在更大的空间中，所以自由空间损耗是一种能量扩散损耗。把天波射线传播距离看作为电波扩散半径，如图 8-25 所示，天波传播中的射线距离为 D_e。设天线为各向同性天线，自由空间损耗表示为

$$L_0 = 20\lg \frac{4\pi D_e}{\lambda}$$

进一步改写为

$$L_0 = 21.98 + 20\lg D_e - 20\lg\lambda \qquad (8-18)$$

如图 8-25 所示,地球半径为 R,电离层高度为 h_e,射线与地平面的仰角为 Δ,发射点 A 和接收点 B 之间的大圆距离为 D,收发两点与地球中心的夹角为 α,(x_1, y_1)、(x_2, y_2) 分别为发射点和接收点的经纬度。则实际传播距离可表示为

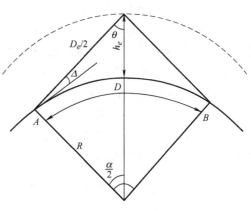

图 8-25　天波的传播距离示意图

$$D_e = \frac{2R(1 + h_e/R)\sin\alpha}{\cos\Delta} \qquad (8-19)$$

其中

$$\cos\alpha = \sin x_1 \sin x_2 + \cos x_1 \cos x_2 \cos(y_1 - y_2)$$

$$\tan\Delta = \frac{(1 + h_e/R)\cos\dfrac{\alpha}{2} - 1}{(1 + h_e/R)\sin\dfrac{\alpha}{2}} \qquad (8-20)$$

(2) 电离层吸收损耗

电离层的吸收损耗与电子密度和工作频率有关;电子密度越大,吸收损耗越大;频率越低,吸收损耗越大。通常电离层的吸收损耗可分为两种:一是远离电波反射区的吸收损耗,也称为非偏移吸收损耗;二是在电波反射区附近的吸收损耗,也称为偏移吸收损耗。一般偏移吸收损耗较小,因此可以忽略。电离层吸收损耗主要由非偏移吸收损耗决定。

电离层吸收损耗 L_a(dB) 的计算相当复杂,这里只给出工程计算中的公式:

$$L_a = \frac{677.2\sec\theta}{(f + f_H)^2 + 10.2}\sum_{i=1}^{n} I_i \qquad (8-21)$$

式中,θ 为电波入射角;f_H 为磁旋谐振频率的平均值;I_i 为吸收系数,$I_i = (1 + 0.0037 R_{12})\cos(0.881 x_j)^{1.3}$,$R_{12}$ 为 12 个月太阳黑子的流动值,x_j 为穿透吸收区的太阳天顶角平均值。

(3) 大地反射损耗

大地反射损耗是由电波在地面反射引起的,影响它的因素较多,如电波的频率、仰角、地面介质等。由于电离层反射后电波的极化面会发生随机旋转,因此入射地面的电磁波是杂乱无章的,计算也比较困难。通常仅考虑圆极化波的地面反射损耗,计算公式为

$$L_g = 10\lg\left(\frac{|R_V|^2 + |R_H|^2}{2}\right) \qquad (8-22)$$

其中,R_V 和 R_H 分别为垂直极化和水平极化的地面反射系数,即

$$R_V = \frac{\varepsilon_r \sin\Delta - \sqrt{\varepsilon_r - \cos^2\Delta}}{\varepsilon_r \sin\Delta + \sqrt{\varepsilon_r - \cos^2\Delta}} \qquad (8-23)$$

$$R_H = \frac{\sin\Delta - \sqrt{\varepsilon_r - \cos^2\Delta}}{\sin\Delta + \sqrt{\varepsilon_r - \cos^2\Delta}}$$

式中，ε_r 为地面介电常数；Δ 为射线仰角。

表 8-3 给出了几种不同地表面的大地相对介电常数和地面电导率。

表 8-3　几种不同地表面的大地相对介电常数和地面电导率

地面介质	变化范围		平均值	
	ε_r	$\sigma/(\Omega \cdot m)^{-1}$	ε_r	$\sigma/(\Omega \cdot m)^{-1}$
海水	80	$1 \sim 4.3$	80	4
淡水	80	$10^{-3} \sim 2.4 \times 10^{-2}$	80	10^{-3}
湿土	$10 \sim 30$	$3 \times 10^{-3} \sim 2.4 \times 10^{-2}$	10	10^{-2}
干土	$3 \sim 4$	$1.1 \times 10^{-5} \sim 2 \times 10^{-2}$	4	10^{-3}

（4）额外系统损耗

除了上述的自由空间传播损耗、电离层吸收损耗、大地反射损耗外，还有一些其他的损耗，如电离层球面聚焦、偏移吸收、极化损耗、多径干涉、中纬度地区的"冬季异常吸收"等。这些损耗目前无法准确计算，为了使工程估算更切合实际，引入了额外系统损耗的概念。

在工程计算中，通常用基于反复校核统计值来进行估算，并适当保留一些余量。额外系统损耗与反射点的本地时间有关，其估算值见表 8-4。

表 8-4　额外系统损耗与反射点的本地时间的关系

时间/h	额外系统损耗/dB
$22 < T \leqslant 4$	18.0
$4 < T \leqslant 10$	16.6
$10 < T \leqslant 16$	15.4
$16 < T \leqslant 22$	16.6

2. 超远距离通信天线方向修正

超远距离短波通信，由于信号传输距离远，信号衰减大，因此不仅要在链路设计时优化频率选择，还需要选择高增益和强方向性天线提高通信性能。天线的方向性越强，对架设天线的要求越高，而超远距离短波通信进一步提升了这一要求。

在常规短波通信中，为了方便、快速地架设短波天线，一般直接在平面地图上连接发送地点和接收地点，使天线主瓣对准接收机方向，测量并确定天线的架设方向。由于地图是对地球表面的平面展开，在近距离通信时，可以近似认为测量方向与实际方向一致。但在超远距离通信情况下，直接连线测量的方法与实际方向的偏差较大，对于方向性较强的天线，采用传统方法确定天线方向，常导致通信无法建立。因此超远距离短波通信必须以实际球体来推导计算发射点天线的主瓣应对准的方向。下面假设地球为标准球体，来分析推导天线主瓣对准方向。

现以地球球心为原点，赤道平面为 xy 平面，南北两极为 z 轴，建立立体坐标。假设发送点 $A(x_0, y_0, z_0)$ 的经纬度为 (θ_0, φ_0)，接收点 $B(x_1, y_1, z_1)$ 的经纬度为 (θ_1, φ_1)，由于电离层完全包围地球，电离层可以看作以地球球心为原点的球面，天线主瓣对准方向为沿收发地点在球体上的大圆方向，因此需要计算收发地点连线和纬线在发送地点切平面上的投影的夹角，如图 8-26 所示。

设地球半径为 r，可以得到发送地点的直角坐标与经纬度的关系为

$$\begin{cases} x_0 = r\cos\varphi_0\cos\theta_0 \\ y_0 = r\cos\varphi_0\sin\theta_0 \quad (8\text{-}24) \\ z_0 = r\sin\varphi_0 \end{cases}$$

而接收地点的直角坐标与经纬度的关系为

$$\begin{cases} x_1 = r\cos\varphi_1\cos\theta_1 \\ y_1 = r\cos\varphi_1\sin\theta_1 \quad (8\text{-}25) \\ z_1 = r\sin\varphi_1 \end{cases}$$

现以直角坐标来推导计算发

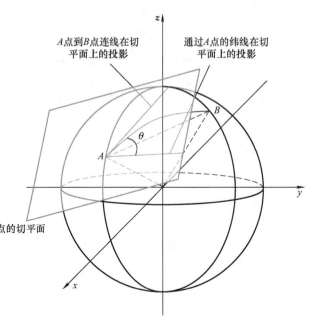

图 8-26　天线架设方向示意图

送天线主瓣对准方向。设在发送点 A 与地球的切平面为 α，为了表示方便，将切平面平移过球心，则 α 平面的表达式为

$$x_0 x + y_0 y + z_0 z = 0 \tag{8-26}$$

发送点和接收点的方向向量 $\overrightarrow{AB}$ 为 $(x_1 - x_0,\ y_1 - y_0,\ z_1 - z_0)$，$\alpha$ 平面的法向量 $\vec{n}$ 为 $(x_0,\ y_0,\ z_0)$，则过向量 $\overrightarrow{AB}$ 与 α 平面垂直平面的法向量为

$$\overrightarrow{AB} \times \vec{n} = (y_0(z_1 - z_0) - z_0(y_1 - y_0), z_0(x_1 - x_0) - x_0(z_1 - z_0), x_0(y_1 - y_0) - y_0(x_1 - x_0))$$

$$= (y_0 z_1 - y_1 z_0, z_0 x_1 - z_1 x_0, x_0 y_1 - x_1 y_0) \tag{8-27}$$

则过接收点 B 且与 α 平面垂直的平面 β 为

$$(y_0 z_1 - y_1 z_0)(x - x_1) + (z_0 x_1 - z_1 x_0)(y - y_1) + (x_0 y_1 - x_1 y_0)(z - z_1) = 0 \tag{8-28}$$

式（8-28）可进一步简化为

$$(y_0 z_1 - y_1 z_0)x + (z_0 x_1 - z_1 x_0)y + (x_0 y_1 - x_1 y_0)z = 0 \tag{8-29}$$

即平面 β 也过地球球心。则 $\overrightarrow{AB}$ 向量在切平面 α 的直线投影为

$$\begin{cases} (y_0 z_1 - y_1 z_0)x + (z_0 x_1 - z_1 x_0)y + (x_0 y_1 - x_1 y_0)z = 0 \\ x_0 x + y_0 y + z_0 z = 0 \end{cases} \tag{8-30}$$

纬线在切平面上的投影方向与赤道在 α 平面投影方向一致，则赤道在 α 平面上的投影可以表示为

$$\begin{cases} z = 0 \\ x_0 x + y_0 y + z_0 z = 0 \end{cases} \tag{8-31}$$

则两投影向量表示为

$$\begin{cases} (x_0(y_0y_1+z_0z_1)-x_1(y_0^2+z_0^2),y_0(x_0x_1+z_0z_1)-y_1(x_0^2+z_0^2),z_0(x_0x_1+y_0y_1)-z_1(x_0^2+y_0^2)) \\ (y_0,-x_0,0) \end{cases}$$

$$(8\text{-}32)$$

天线主瓣对准方向就是两投影向量的夹角。现利用经纬度与直角坐标的关系代入式(8-32)，则直接就可以利用收发地点的经纬度来计算获得天线主瓣对准方向，下面以上海和索马里太子港实现超远距离通信为例进行计算。

上海的经纬度为（31.37°，121.02°），索马里太子港的经纬度为（12.51°，47.87°），则通过以上推导理论计算得到天线主瓣对准方向角度为177.7°，而采用基于平面地图的简便计算方法（见图8-27），测量的方向为164.7°，可见这两种方法相差13°。

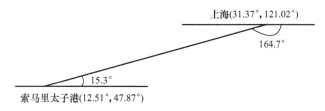

图8-27　基于平面地图的简便计算方法

要建立双向超远距离通信，还需要获得太子港的天线主瓣对准方向。传统方法是在平面地图上进行测量和标注，收发两地方向夹角的和为180°，因此得到太子港的天线主瓣对准方向为15.3°。而通过实际计算得到的天线主瓣对准方向为29.0°，可见球体计算与平面计算的差距较大，且以球体计算得到的收发两地方向夹角也不再为180°。

另外，天线架设过程中常采用指北针进行方向测定，而指北针指示方向为地磁场方向与正北方向存在一个夹角，称为磁偏角。不同地理位置的磁偏角不一样，因此在天线架设时还需要根据所处地点的磁偏角进行修正。

思考题

1. 电磁波的极化有哪几种方式？

2. 简单概括天线的基本工作原理。

3. 简述电压驻波比与功率传输之间的关系。

4. 短波通信天线有哪些典型的技术参数以及分类的标准有哪些？

5. 鞭状天线、多馈多模全向天线、对数周期天线三种天线的特点各有哪些？具备怎样的用途和结构组成？

6. 请绘制出鞭状天线的方向图草图，提高鞭状天线效率的方法有哪些？

7. 短波天线调谐器的组成包括什么？简要描述天线调谐的过程和涉及的关键算法。

8. 典型的短波天线调谐设备有哪些？主要性能技术指标有哪些？

9. 实际工程设计中，该选购哪种天线，怎样安装架设才能获得良好的通信效果？

10. 选择合适的短波通信频率有哪些经验可参考？

11. 对于超远距离的短波通信，在架设天线时，方向角该如何修正？

第9章

短波通信组网技术

传统短波通信一般采用点对点或一点对多点的组网方式,由于短波信道极不稳定且存在通信盲区,因此,通信效果往往难以保证。为了进一步提高短波通信网的性能,必须在组网方式上突破传统模式。本章介绍主要的短波通信组网结构,国外典型的短波通信网络,基于3G-HF协议的组网技术以及新型的广域协同组网技术。

9.1 短波通信组网结构

与其他通信网络相比,短波通信网络具有以下特点:

(1)信道质量差

短波信道存在多径传播、瑞利衰落、多普勒频移等不利于信号传输的因素,同时,短波频段拥挤,互扰自扰严重,信道质量差。

(2)传输带宽有限

目前短波频段总带宽不到30MHz,存在可用频率窗,通信带宽受限,因此不可避免地存在信道竞争、碰撞,使实际可用带宽更为紧缺。

(3)网络广域性

短波通过地波传播实现近距离通信,通过电离层反射实现远距离通信。因此短波网络覆盖范围广,其网络具有广域特点。

(4)网络拓扑动态变化

由于短波信道的时变性,其通信链路随时可能发生变化,对应的网络拓扑也随之动态变化,且变化速度和方式难以准确预测。

根据组网的用途、规模和运行环境,短波网络拓扑结构有所不同,主要有星形、自组织、分层自组织等结构形式。

(1)星形网

星形网是常见短波通信网络结构,如图9-1所示。

星形网在组网时由一个台站对多个台站发起呼叫,由于多个被呼台站的响应可能发生碰撞，可采用时分接入方式，即每个网络成员预先分配其使用的时隙号和地址，并预先告知网内所有成员。在主呼方呼叫全网各台站时，每个被呼台站按序在各自预定时隙内发送响应信号，实现无碰撞的网络建立。

（2）自组织网

短波自组织网中所有节点具有相同的地位，其拓扑结构如图 9-2 所示。每个节点都具有发送信息、接收信息和转发信息的能力，即每个节点都具有终端和路由器双重身份。所有节点在通信区域内随机分布，可随意移动。

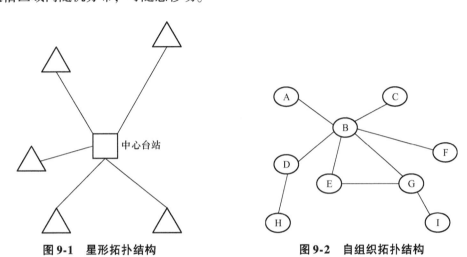

图 9-1　星形拓扑结构　　　　图 9-2　自组织拓扑结构

需要特别指出的是，在一般的无线自组织网中，拓扑结构的变化大多是由节点移动性引起的，然而在短波网络中，拓扑结构变化更多的是由信道特性变化引起的。

在短波网络中，很少采用以上这种完全的自组织网。主要原因有：

1）各节点间的可靠互连很难保证，导致自组织网难以开通和运行。

2）由于短波信道传输速率较低，且各节点传输速率的差异性很大，相对而言，其链路维护将占用较大的带宽和时间，而可用于有效数据传输的带宽比例较小，导致自组织网的运行效率低下。

3）节点的移动性和短波信道时变性导致拓扑结构经常变化，因此网内用户可能出现长时间脱网现象，导致自组织网部分瘫痪。

基于以上原因，短波自组织网适合于覆盖区域较小，以地波为主要传播模式的应用场合。此时各节点间链路较为可靠，并可支持较高的数据传输速率，且节点的移动性和短波信道的时变性可以忽略。

要在广域范围建立短波通信网，分层自组织网是更好的解决方案。

（3）分层自组织网

与全对等自组织网不同的是，在分层自组织网中，众多节点划分为若干个子群，多个子群既互相链接又相互交叉覆盖，结构如图 9-3 所示。节点类型包括群首、网关和普通节点，其中群首负责控制整个子群；网关负责为相邻子群提供群首间的通信链路，用于子群之间的信息交换；普通节点为普通短波用户。

在分层自组织网中，任何节点均可充当这三种类型的节点，并可在组网过程中动态变更

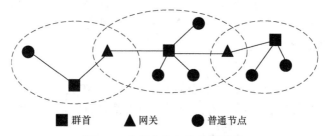

■ 群首　▲ 网关　● 普通节点

图9-3　分层自组织短波网结构

自己的身份。分层自组织网适用于覆盖面积较大、节点较多的场合。随着网络拓扑结构的动态变化，各节点的拓扑信息也需不断更新，使网络适时调整其拓扑结构，以保证通信的连续性。

在实际短波组网时，为了提高组网的有效性，群首之间常采用有线、光纤等方式连接，保证群首间的可靠互连，此时，网关节点的功能融入群首节点中，主要完成无线网络协议和有线网络协议的转换。通常群首节点由大功率固定台站担当，以保障群内区域的有效覆盖。短波通信的广域性导致多个子群之间可以形成多重覆盖，这样用户可以在多个子群中优选接入节点。

9.2　国外典型的短波通信网

自20世纪60年代开始，短波通信组网就已经成为一个重要研究方向，各国都在开展相关研究，并形成了包括短波舰/岸通信网络（HFSS）、自动化数字网络（ADNS）、现代化短波通信系统（MHFCS）在内的众多短波综合网络。近年来，随着短波通信技术的发展，又提出了一些新的短波综合组网形式，如美军的短波全球通信系统（HFGCS）和加拿大的综合短波无线电系统（IHFRSP）等。下面分析介绍较为典型的几种网络。

9.2.1　美国海军的 HF-ITF 和 HFSS

20世纪80年代初，美国海军研究实验室（NRL）为了满足海军作战通信需求，提出HF-ITF网络和短波舰/岸通信网络（HFSS），其目的是为海军提供50~1000km的超视距通信手段。其中HF-ITF为海军特遣部队内部军舰、飞机和潜艇间提供话音和数据服务，主要采用地波传播模式。而HFSS则用于舰—岸之间的远程通信，主要考虑天波传播模式。而后来的北美改进型HF数字网络（IHFDN）则综合了HF-ITF和HFSS网络，使用天波和地波构建大范围的短波通信系统。

HF-ITF网络的拓扑结构采用分层自组织形式，网内节点分成若干个子群，每个节点至少属于一个子群，每个子群有一个充当本子群控制器的群首，子群中所有节点都在群首的通信范围之内。群首通过网关将不同子群连接起来，为子群内其他节点提供与其他子群即整个网络通信的能力。

在HF-ITF网络中，群首、网关和普通节点是通过分布式算法，并根据网络实际连接需求确定的，而信道访问也采用分布式算法，因此，HF-ITF具有自组织特点，可适应网络拓扑结构的动态变化。当网络因短波链路变化或人为干扰造成拓扑结构变化时，网内节点将自动重新自组织形成新的子群，保证各节点间的互连，以此来提高网络的抗毁和抗干扰性能。

图 9-4 给出了 HF‑ITF 网络结构示意图，图中实线表示群首与网关间的互连，构成 HF‑ITF 的骨干网络；虚线为子群内群首与下属的普通节点间的连接。

图 9-5 是图 9-4 所示的 HF‑ITF 网络在遭受干扰，群首 1 被毁情况下，重新构造的网络连接示意图。从图中可以看出，经自组织后，网络仍保证了各节点之间的连接。

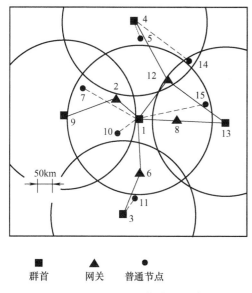

图 9-4　HF‑ITF 网络结构示意图

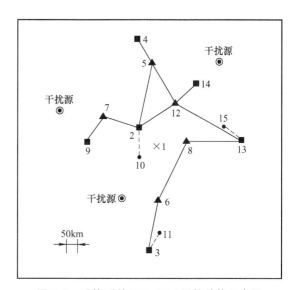

图 9-5　重构后的 HF‑ITF 网络结构示意图

HFSS 网络是用于岸—舰间通信的短波远程网络，图 9-6 给出了其网络结构示意图。从图中可以看出，与 HF‑ITF 不同的是，HFSS 采用的是星形网络拓扑结构，岸站充当中心节点，所有舰船节点在岸站的集中控制下工作，舰船节点间所有业务需通过中心节点转发。

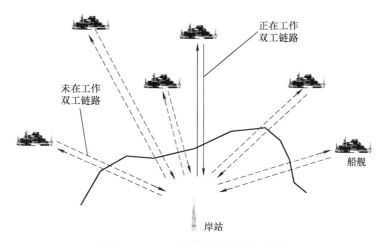

图 9-6　HFSS 无线网络结构示意图

9.2.2 澳大利亚的 LONGFISH 网络

澳大利亚的 LONGFISH 网络是为实施现代化短波通信系统（MHFCS）计划而研制的短波实验网络平台。MHFCS 研制开始于 20 世纪 90 年代中期，其目的是为澳大利亚的战区军事指挥互联网提供远距离的机动通信手段。

LONGFISH 网络的设计思路与现在广泛使用的移动通信网络 GSM 类似。网络由在澳大利亚本土的四个基站和多个分布在岛屿、舰艇等处的移动台组成，其网络拓扑结构是以基站为中心的多星状拓扑。移动台与基站之间通过短波链路连接，基站之间则用光缆或卫星等宽带链路相连。通过自动网络管理系统，将频率管理信息分发给所有基站。每个基站使用不同频率集，为预先分组的移动台提供短波接入服务。系统支持 TCP/IP，可提供短波信道的电子邮件、FTP 服务，并支持终端遥控、静态图像等功能。图 9-7 给出了 LONGFISH 网络示意图，其中 B 是基站，M 是移动站。

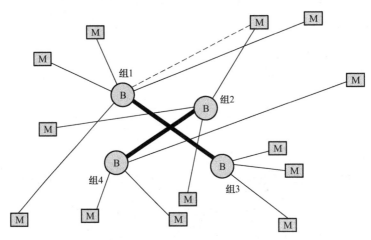

图 9-7 LONGFISH 网络示意图

为了使网络能够适应短波信道的时变性，并且在不同用户数及业务需求的情况下，表现出较好的性能，LONGFISH 采用了节点选择算法（NSA）、频率选择算法（FSA）、链路释放算法（LSA）和带宽释放算法（BSA）等关键技术。

其中，节点选择算法（NSA）根据信道和网内用户业务，实时自动为移动台分配节点链路。在网络负载较轻时，选择最好的链路分配给各移动台；而在负载较重时，自动为优先级高的业务选择最好的链路。链路评判的依据是链路数据库，它是以基站号和频率号为索引的二维矩阵，包括频率值、频率使用指示、移动台号和信噪比。数据库按信噪比排序，并且通过定期探测进行更新，以适应电离层和业务的不断变化。

频率选择算法（FSA）为基站和移动台之间选择最好的传输频率，一般在链路数据库升级时使用。每个基站和所属移动台之间共用一个频率集，不同基站的频率集之间可以有交集，也可以没有交集，即系统既可以作为整个网络存在，也可以几个独立的子网形式存在。

链路释放算法（LSA）的用途在于释放低优先级业务占用的链路以满足高优先级业务的需求。当出现高优先级业务，而网络中没有空闲的收发信机和链路时，系统执行 LSA。链路释放的主要依据是业务类型、业务优先级、信噪比、可用空闲收发信机和频率等。

带宽释放算法（BSA）可以暂缓特定数据分组的传送，将节省下的带宽资源分配给高优先级的数据分组，以保证高优先级数据的时效性。

9.2.3　美军短波全球通信系统

美军将短波通信系统作为其全球战略的重要组成部分，提出了短波全球通信系统（HF-GCS），以实现对机动的海、空军部队的基本指挥控制和紧急战争状态下的国家指挥信息广播。

HFGCS 通过分布在全球的多个大功率固定台站，为美军及其盟军机动部队在全球范围内提供 IP 话音、电子邮件及数据广播等综合业务。除太平洋外，该网络基本覆盖全球绝大部分地区，并且在重点地区的可通率都达到 90% 以上。

为了提高系统容量，HFGCS 在每个台站内都配置至少 10 部短波电台，最多可支持 30 部以上，链路建立方式采用自动链路建立（ALE）。台站内多部电台组成 ALE 群，可同时处理多个 ALE 呼叫，为多个用户提供接入服务。

其台站典型配置如图 9-8 所示。其中短波通信台站分为三部分，即发射机、收信机和控制站。发射机、收信机与控制站之间采用光纤或微波方式连接，而控制站则接入地面网如全球信息栅格网（GIG），与其他台站互连，实现全球覆盖。

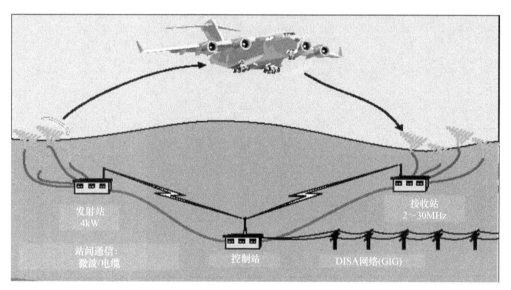

图 9-8　典型短波台站结构图

为了实现与有线电话的互连互通，系统采用基于 Web 的自动无线/地面电话交换系统，无须人工干预，可自动完成多接收机扫描、语音检测等，实现短波网与地面有线网的电话自动交换功能。由于与有线电话相比，短波通信链路建立时间长，因此当有线用户呼叫短波用户时，由指挥中心自动选择最佳台站，与短波通信用户建立链路，待语音通信链路建立后，呼叫主叫方，完成电话转接。

除话音外，系统还支持电子邮件等多种业务，可以在地面网用户和短波机动用户之间传递标准电子邮件。在地面有线网与短波机动用户之间传送邮件时，系统自动选择最佳台站转发，当信息无法及时发送时，采用排队发送方式。同时，系统具备全网广播功能，在紧急情况下，可在 60s 内完成全球全频段广播。

9.2.4 加拿大综合短波无线电系统

加拿大相关机构研究认为，即使军事卫星得到大力发展，短波通信在国家安全利益上的作用仍是不可替代的。而目前短波通信网络无法满足需求的原因主要有以下两个方面：一是已建成的多个系统间互连互通性能差；二是现有短波通信系统技术过时，没有采用近年来短波通信领域的新技术。因此，从其 2020 年规划需求出发，加拿大提出了综合短波无线电系统（IHFRSP），以提升短波通信保障能力。其主要思想是通过多个互连的台站，实现其国土范围内的有效短波通信覆盖，并按照不同覆盖范围，由多个接入节点为机动用户提供服务。

加拿大综合短波无线电系统具有多台站高速全覆盖、部分覆盖等多种应用模式，其中不同子网台站部分覆盖和多台站全覆盖示意图分别如图 9-9 和图 9-10 所示。可以看出，通过多个不同子网互连的多台站覆盖不但可以有效扩大覆盖范围，而且多个子网台站可以形成多重覆盖，有效提高短波通信的有效性和可通率。

图 9-9　IHFRSP 不同台站网络覆盖示意图

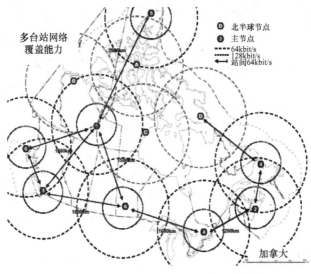

图 9-10　IHFRSP 多台站网络覆盖示意图

9.2.5　瑞典基于 HF2000 的短波通信网

瑞典军方根据其对短波通信的需求，提出了全新的联合短波通信系统，其主要功能包括：链路自适应（包括频率、数据速率和功率）和基于 3G-ALE 的频率管理，同时内嵌网络规划工具，可实现与其他网络系统（如 IP 网络）的集成。网络设置完成后，系统可在无人工干预或在少量操作指令情况下自动工作，并采用自动频率池生成算法，实现快速高效的频率管理。

其网络覆盖示意图如图 9-11 所示，通过有线网络将分布在全国各地的收信机、发信机和收发信机控制器连接起来，由控制台站统一控制，为遍布全国的机动用户提供短波通信服务。其支持的主要业务包括：IP 报文、电子邮件、数字话音等。

图 9-11　瑞典军方基于 HF2000 的短波通信网络台站分布

9.3　基于 3G-HF 协议的组网技术

美军标 MIL-STD-188-141B 的附录 D 定义了基于自动链路建立的第三代短波通信网，可以实现异构网络中的路由功能。

网络层执行的主要任务包括：路由和链路选择、信息的存储与转发、自动信息交换、连通性交换以及网络的维护与管理。

（1）路由选择

路由选择根据通信业务，通过查询路由表以确定传输所用的直接或间接路由。路由选择功能支持各种直接或间接呼叫及多种中继类型。

（2）链路选择

网络层向链路层请求建立、终止链接，并带有双方相应的链路层地址。链路层根据链路质量选择本次使用的链路，并报告链路建立成功与否以及被呼台站的地址。

（3）信息存储与转发

信息存储与转发是为用户或传输层提供信息传输服务的接口。在信息转发时，首先由网络层调用路由选择功能决定数据传输的路由，然后通过自动信息交换处理来向短波链路发送信息。

（4）自动信息交换

自动信息交换指自动从信息存储与转发处理中取得待发送的信息，并按选择的路由发送给指定节点。指定节点可以是中继节点，也可以是目的节点。当通过链路请求处理发现通往该节点的链路可用时，则自动发送。当通往该节点的链路不可用时，可以拒绝发送，返还给信息存储与转发处理，直接重发该信息，或者存储该信息直到通往该节点的链路可用再重发。

（5）连通性交换

在短波通信网络中，无法保证每个节点都可直接获得其他所有节点的路由信息，此时，可以通过与其直接通信的节点周期性交换连通性信息，获得其他节点的路由信息。另外节点还可以通过查询路由获知到达指定节点的路由信息。

第三代短波通信网的主要功能实体是短波网络控制器（HFNC），其主要功能框图如图 9-12 所示。

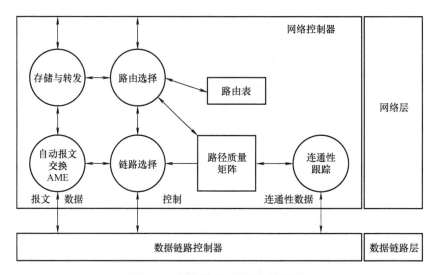

图 9-12　短波网络控制器功能框图

短波网络控制器采用了改进型分布式路由算法。各节点存储一个路由表，并依据各相邻节点交换的连通性信息以及链路质量对路由表进行修正。节点根据收集到的网络连通性信息就可以计算出到达各目的节点的最小跳数路由。该算法的主要优点是能适应网络拓扑结构的动态变化，在节点移动或故障时仍能得到至目的节点的最短路由，可靠性高，分组的平均网络时延也较小。它的主要缺点是实现比较复杂，且当网络拓扑变化很快时，用于交换连通性的信息增多，影响网络吞吐量，降低网络资源利用率。因此，该算法适用于拓扑变化较慢、时延小、可靠性要求高、节点少、业务量较小的网络。

9.4　广域协同组网技术

短波通信具备远程通信、电离层不易被永久摧毁等优势，但也存在通信质量不稳定、可用频率窗口窄且随时间变化、存在通信盲区等缺点。将短波通信与其他通信手段相结合，可以进一步充分发挥短波通信优势，并克服其缺点。因此，多种信道有机结合的综合组网成为短波通信研究的一个重要方向。

综合组网的目标是充分发挥各种传输手段的优势，使其具有更为广泛的应用场景，并提供更优质的服务。事实上，对于用户而言，并不关心信息是通过何种信道传输，而更关心网络能为他提供什么样的服务。短波网络无法达到与有线网、卫星网或商用移动通信网相媲美的服务质量。因此，短波通信首先应该明确其定位和能力，依其特性为用户提供其所能提供的特色服务。

对于广域协同短波综合组网而言，一方面在其他通信手段存在时，可以通过综合组网克服短波通信本身盲区及信号不稳定等缺点，并通过协同组网、空间分集、信号合并等技术，提升系统性能；另一方面，还要发挥短波通信自身无须中继远距离通信的优势，当其他通信手段缺失时，仍能实现单独组网，满足复杂恶劣条件下尤其是应急通信的需要。

在广域协同网络中，除短波信道外，还包含有线光缆、卫星等其他信道。因此，为了实现多媒介综合组网，必须研究下列关键技术。

（1）广域协同组网技术

短波通信距离远，其网内节点分布范围广。这种广域特性，是传统短波通信网络规划和频率分配中的不利因素，必须考虑全网的干扰和自扰。但在短波综合组网中，通过研究广域协同组网技术，充分利用这一特点，实现广域协同，可以有效拓展可用通信频段，提高短波通信可通率和通信质量。其研究内容包括频率动态管理和使用、多用户分布式协同和数据融合等。

（2）网络自适应路由技术

在保留短波单独组网方式的基础上，实现与其他传输手段的有机融合，使网络具有迂回路由能力，不仅可提高短波通信的可通率，还可使网络具备抗毁自愈功能。由于短波信道的时变性，其通信链路可能随时发生变化，造成网络拓扑结构动态变化。因此，短波网中的自适应路由技术必须能够适应短波信道时变的特性，通过信道质量评估，实现及时动态路由更新。

（3）业务自动适配技术

IP 技术已经成为主流网络协议，但其难以与低速率、高误码率和高时延的短波网络适配。特别是在短波综合组网中，必须判别一份报文的丢失究竟是 IP 网络拥塞还是短波信道差错引起的。业务自动适配技术解决的问题首先是报文的类型是否适合在短波信道上传输，然后再根据用户业务需求确定路由、传输波形等，其总体目标是在可满足业务服务质量的前提下，使短波网络实现与其他网络的无缝互连。

广域协同组网技术着重针对以上问题进行技术研究，通过基于信号质量监测的动态接入、分布式广域协同处理、全向高增益天线拟合、数据融合等技术，实现机动用户的随遇入网和可靠通信。主要技术研究点包括：

1）研究具有方向图拟合特征的天线阵技术，解决广域组网时的固定台站高增益天线全向服务难题。

2）研究针对上行信道的分布式协同技术，通过广域分布台站分集接收，有效提升机动台上行链路的接收质量。

9.4.1　广域协同网络结构

　　广域协同组网技术可以用于单一信道，也可以用于多种不同信道组成广域网络。在短波广域协同网络中，首先考虑多种信道有机结合的多媒介综合网络，并确保当其他信道缺失时，该网络能够退化为单一短波信道的广域网络，其网络结构如图 9-13 所示。

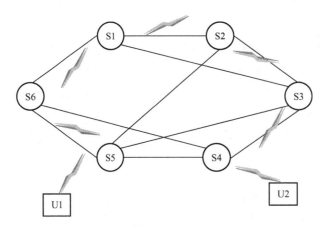

图 9-13　短波广域协同网络

　　网络中节点包括两大类，即拥有多种信道传输手段的 S 节点和只有单一通信手段的 U 节点。S 节点拥有包括短波、有线或卫星等多种传输信道，节点之间的通信可以通过多种信道实现，在信道选择时，可综合考虑带宽、速率和可靠性等因素进行优选。当最优信道缺失时，可自动切换到次优信道，以此类推。而 U 节点则只有短波信道。

　　一般情况下，S 节点为固定节点，U 节点为移动节点，该网络具有以下特点：

　　1）每个节点之间都可相互传递信息。

　　2）每个 S 节点和 U 节点都拥有短波通信信道，且有可能与其他用户通过短波信道互连。

　　3）每个 S 节点都拥有除短波信道外至少一种其他信道，可以与其他 S 节点通过这种信道互连。

　　4）每个 S 节点都具备路由转发能力，可为其他节点转信。

　　显然，S 节点的通信能力比 U 节点强。在广域协同组网中，重点研究的问题就是当 S 节点之间存在有线等信道时，如何通过广域协同的方式提升 U 节点的可通率和可靠性。

9.4.2　基于信号质量监测的动态接入

　　对于某个特定的 U 节点，其与广域网内多个固定 S 节点的通信距离不同，可用频率窗口也不同。此时，对于 U 节点来说，可等效为可用频率窗口大幅度扩展，从而提高了对 U 节点的通信保障能力。

　　在广域协同网络中，网内的移动 U 节点可以选择任一固定 S 节点接入网络，即采用网对点的方式来提高可通率。其关键问题是移动 U 节点如何选择固定 S 节点，为此提出了一种基于信号质量监测的动态接入机制。

基于信号质量监测的动态接入由 U 节点发起，首先通过无源噪声分析，认知本地电磁环境，再通过全网快速侦听对各候选 S 节点的信号进行分析，并按其链路质量（LQA）值进行排序。然后根据 S 节点的业务能力、U 节点的天线选择及架设方向和带有遗忘因子的历史入网质量记录等因素，进行综合分析，并优选合适的目标 S 节点，发起入网请求。其过程如图 9-14 所示。

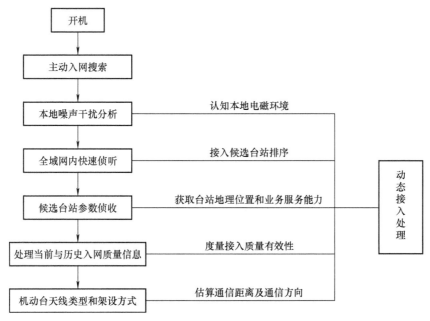

图 9-14 基于信号质量监测的动态接入流程图

9.4.3 全向高增益天线拟合

固定节点如何为来自不同方向的移动用户提供高质量的服务，是广域协同组网中的另一技术难点。由于短波通信效果与天线类型、天线架设、通信距离、机动性等工程因素密切相关。因此，固定节点的天线设计是广域协同组网中的关键问题之一。

固定台站一般采用方向性较强，且具有较高增益的天线。下面以常见的高增益双极天线为例进行分析。双极天线是平行于地面架设的对称天线，用以辐射和接收短波无线电信号。双极天线的通信效果主要由以下因素决定。

（1）双极天线架设的平面方向

双极天线架设的平面方向决定了其最佳通信方向，其平面方向图如图 9-15 所示。

双极天线平面方向图表明：在与双极天线垂直时，辐射和接收信号最强；在与双极天线平行时，辐射和接收信号最弱。

（2）双极天线架设的高度

双极天线架设的高度决定了其利用电离层反射的仰角 Δ_0，从而决定了最佳通信距离。它的仰角方向如图 9-16 所示。

天线架设的高度 h 可由下式计算：

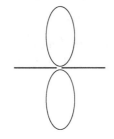

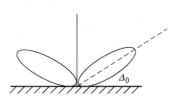

图9-15　双极天线平面方向图　　　　　　图9-16　双极天线仰角方向图

$$h = \frac{\lambda}{4\sin\Delta_0} \tag{9-1}$$

式中，λ 为短波信号的波长；Δ_0 为仰角，由电离层高度和通信距离决定。

由此可见，虽然双极天线具有较高的天线增益，但天线的架设方向对通信效果影响很大。当固定节点与移动用户的通信距离和方位不确定时，固定台站既设的双极天线很难达到理想的通信效果。全向天线虽然可用于全方位的移动用户通信，但其天线增益低，整体通信效果不佳。

在现有短波台站的天线设计中，一般采用方向性强的双极天线保障固定台站之间的通信和特定方向移动用户的通信；用全向直立鞭状天线保障全方位的移动用户通信。

一般情况下，利用一副双极天线，借助电动机传动装置，可以实时调整天线主瓣方向，提高对移动用户的通信质量。但这种方法在实际中很少采用，其主要原因如下：

1）在初始通信时，移动用户方向不明，无法实时调整天线主瓣方向。

2）电动机传动装置工程实现难，可靠性差。

3）一副双极天线无法同时为多个方位的多个移动用户提供服务。

为了解决天线增益和全向辐射的矛盾，本节研究了具有方向图拟合特征的天线阵技术，通过三副双极天线组成一个天线阵，用数字信号处理和数据融合技术，保证全方向的通信性能。

图9-17、图9-18 分别给出了全向10m鞭状天线和定向20m双极天线的方向图。从图中可以看出，双极天线比鞭状天线有较强的增益，其方向性明显。

全向高增益天线拟合技术采用多副高增益定向天线，通过合理设置天线方向，拟合出高增益全向天线，从而高质量接收来自各个方向的信号，以提升从移动用户到固定台站的短波通信可通率和可靠性。

图9-19 给出了3 副20m双极天线以正三角形方式架设，采用天线拟合技术后，其方向图的仿真结果。仿真结果表明拟合后的全向天线方向图与鞭状天线方向图相比，其性能有了大幅提升。

9.4.4　基于软值合并的多天线分集接收技术

在大多数短波通信组网中，通常假设收发双方的链路是对等的，即在收发双方位置确定的情况下，电离层反射电磁波的能力应该是相同的。但在实际系统中存在收发链路的不对称性，特别是在固定台和移动用户进行通信时，这种链路的不对称性就更为明显，其主要原因如下：

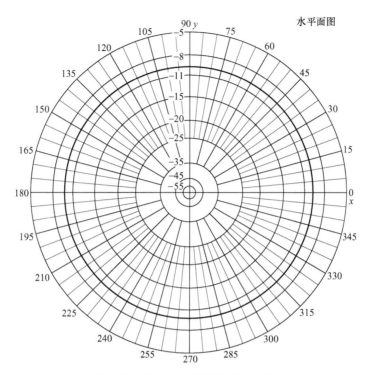

图 9-17　全向 10m 鞭状天线方向图

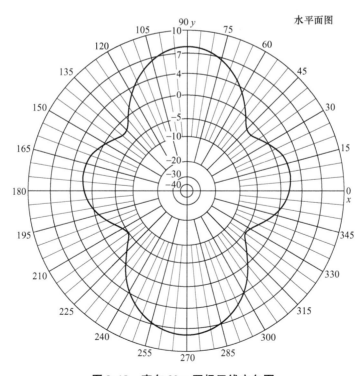

图 9-18　定向 20m 双极天线方向图

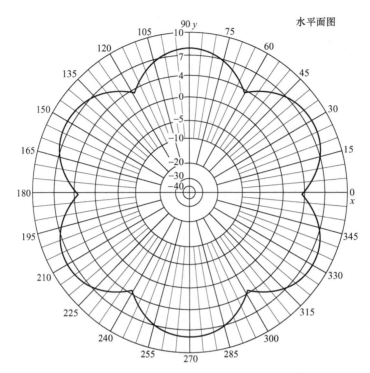

图 9-19　20m 双极天线拟合全向天线方向图

1）收发双方发射功率往往不对称。比如固定台与移动用户通信时，一般固定台功率是 400W 以上，而移动用户功率一般小于 150W。

2）天线类型和架设的不对称。固定台一般采用方向性强的天线，架设场地较好，天线架设规范，而移动用户一般采用全向天线，架设场地受限。

由于固定台功率大，天线好，使得移动用户容易接收到固定台呼叫；而移动用户采用全向天线并且发射功率小，固定台站接收移动用户呼叫极为困难，影响通信网对移动用户的通信保障能力。

为此，可以利用多个固定台收信机，采用上行信道的分布式协同和多天线联合分集接收技术，协同处理来自移动用户的信号，有效提高对移动用户的通信保障能力。

实现分布式协同和多天线联合分集接收的关键技术是对接收信号的有效合并。分集合并方法一般有：选择合并、等增益合并和最大比值合并。

选择合并：在各路接收信号中选择信号最强或信噪比最大的支路作为输出。其优点是实现简单，分集性能稳定，缺点是没有有效利用所有接收信号，分集效果有限。

等增益合并：将各路接收信号进行相同系数加权合并后输出。其优点是实现较为简单，有效利用了各路接收信号，在一定程度上可提高接收性能。其缺点是分集性能不稳定，在各支路信道质量相近时，其性能接近于最大比值合并；但当各支路信道质量差别较大，尤其是存在负信噪比支路时，其性能可能还会差于选择合并。

最大比值合并：将各路接收信号进行不同系数加权合并后输出。其优点是充分利用了各路接收信号，最大限度地提高了接收性能。其缺点是实现复杂，尤其是需要对各支路的接收信噪比进行精确估计，以保证稳定的分集接收性能。

在多天线分集接收处理中，结合短波通信特点，可将选择合并与最大比值合并相结合，采用有选择的最大比值合并方案。其基本思路如下：以当前的实际数据传输速率要求的信噪比为依据，在各支路接收信号中，先选择可完成信号检测和信号同步的支路，并不断对这些支路的接收瞬时信噪比进行比对，动态丢弃偏离值较大的低信噪比支路，最后对余下的支路进行最大比值合并。这是因为，短波信道是时变信道，存在严重的衰落，所以对瞬时信噪比的考察可以更好地适应时变信道，同时由于各支路信号的传输质量差异性较大，动态丢弃偏离值大的支路可以提升最大比值合并的性能。

下面给出了一种基于软值合并的多天线分集接收的具体实现方案。无论是本地的多天线接收信号，还是来自远端的接收信号，都需要汇集后进行分集处理。在综合组网时，信号的汇集方式包括 IP 网、数据专线和电话公网等多种类型，而各种类型的汇集方式传输时延不定。当采用数据专线互连时，时延较小且确定；而采用 IP 网互连时，时延大且不确定。为此，对各支路的信号，在分别同步和解调后，采用基于同步信息的时延校正和基于解调数据的软值合并处理，可以有效消除汇集时延的影响，且具有良好的分集效果。其实现原理框图如图 9-20 所示。

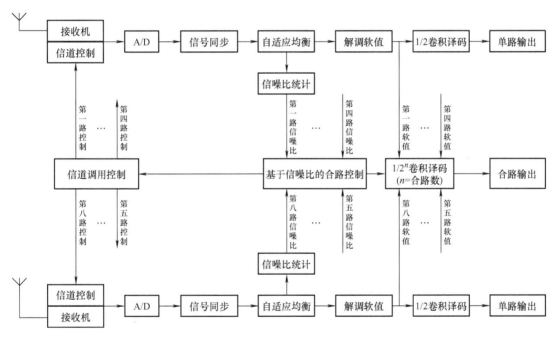

图 9-20　一种基于软值合并的多天线分集接收实现原理框图

从图 9-20 中可以看出，无论是对于本地的多天线接收信号，还是远端的接收信号，均先通过接收机，变换成基带音频信号后进行汇集。在信号汇集端，对各基带音频信号分别进行信号检测和信号同步，通过同步位置的比对，修正基带音频的额外传输时延，实现各支路信号在解调数据软值输出时的同步。对多路的软值解调数据进行联合译码，实现具有选择的最大比值合并，合路输出得到最终的接收用户数据。这里通过信号检测和信号同步判别是否选用该支路信号参与合并，体现选择性；其软值中包含判决值和其对应的加权值，此时，软值合并可等效为最大比值合并。

思考题

1. 短波通信网络具有哪些特点？其典型的网络拓扑结构有哪些？
2. 请列举出两个国外典型的短波通信系统，并分析其典型特点或功能。
3. 请简述短波广域协同组网的网络结构及其特点。
4. 在短波组网中，为什么需要采用多天线分集接收技术？
5. 在短波多天线分集接收中，分集合并的方法有哪些？是如何实施的？

参 考 文 献

[1] 王金龙. 短波数字通信研究与实践 [M]. 北京：科学出版社，2013.

[2] 胡中豫. 现代短波通信技术 [M]. 北京：国防工业出版社，2003.

[3] 沈琪琪，朱德生. 短波通信 [M]. 西安：西安电子科技大学出版社，1997.

[4] 董彬虹，李少谦. 短波通信的现状及发展趋势 [J]. 信息与电子工程，2007，5（1）：1-5.

[5] 张尔扬. 短波通信技术 [M]. 北京：国防工业出版社，2002.

[6] 王坦，王立军，邓才全，等. 短波通信系统 [M]. 北京：电子工业出版社，2012.

[7] 韩学志，毕文斌，张兴周. 基于 Watterson 模型的短波信道实时软件模拟 [J]. 微电子学与计算机，2007，24（5）：32－36.

[8] WATTERSON C C，JUROSHEK J R，BENSEMA W D. Experimental confirmation of an HF channel model [J]. IEEE Trans. Commun. Technology，1970，18（6）：792－803.

[9] 王金龙，沈良，任国春，等. 基于单载波频域均衡的短波高速数传方法 201010017264. x [P] . 2010-07-23.

[10] WAGNER L S，GOLDSTEIN J A，MEYERS W D，et al. The HF Skywave Channel：Measured Scattering Functions for Midlatitude and Auroral Channels and Estimates for Short－Term Wideband HF Rake Modem Performance [R]. IEEE Military Commun. Boston：MA，1989，3：830－839.

[11] BEHM C J. A Narrowband high Freqency Channel Simulator with Delay Spread [C]. IEEE Conference on HF Radio Systems and Techniques，1997：388－391.

[12] LACAZE B. Modeling the HF channel with Gaussian random delays [J]. Signal Processing，1998，64：215－220.

[13] MILSON J D. Wideband channel characteristics and short spread－spectrum link [J]. HF Radio Systems and Techniques，Conference Publication，IEE，2000（474）：305－309.

[14] GHERM V E，ZERNOV N N，STRANGEWAYS H J. Wideband HF simulator for multipath ionospherically reflected propagation channels [R]. In proceedings of the 12th International Conference on Antennas and Propagation. Exeter U K，2003，1：128－131.

[15] GHERM V E，ZERNOV N N，STRANGEWAYS H J. HF propagation in a wideband ionospheric fluctuating reflection channel：Physically based simulator of the channel [J]. Radio Science，2005，40（1）：1001.

[16] 刘洋. 短波信道建模与仿真技术研究 [D]. 成都：电子科技大学，2009：30－33.

[17] VOGLER L E，HOFFMEYE J A. A model for wideband HF propagation channels [J]. Radio Science，1993，28（6）：1131－1142.

[18] PATZOLD M，GARCIA R，LAUE F. Design of High－Speed Simulation Models for Mobile Fading Channels by Using Table Look－up Techniques [J]. IEEE Trans On Veh Technol，2000，49（4）：1178-1190.

[19] RAPPAPORT T S. 无线电通信原理与应用 [M]. 蔡涛，译. 北京：电子工业出版社，1999：117－120.

[20] PATZOLD M. 移动衰落信道 [M]. 陈伟，译. 北京：电子工业出版社，2009：45－49.

[21] PROAKIS J G，MANOLAKIS D G. Digital Signal Processing Principles，Algorithms，and Applications [M]. 北京：电子工业出版社，2007.

[22] MOLISCH A F. 无线通信 [M]. 田斌，等译. 北京：电子工业出版社，2008：113－118.

[23] WANG C X，PATZOLD M，YUAN D F. Accurate and Efficient Simulation of Multiple Uncorrelated Rayleigh Fading Waveforms [J]. IEEE Transactions on wireless communications，2007，6（3）：833－839.

[24] PATZOLD M，KILLAT U，LAUE F. A deterministic digital simulation Model for Suzuki processes with appli-

cation to a shadowed Rayleigh land Mobile radio channel［J］. IEEE Trans Veh Technol, 1996, 45（2）: 318－331.

［25］左卫．短波通信系统发展及关键技术综述［J］. 通信技术, 2014（8）.

［26］阿依哈尼西·纳山．MT2000型2 kW短波广播发射机的原理与维护［J］. 西部广播电视, 2017（10）: 220.

［27］黄薇育．MT2000型短波发射机的工作原理与日常维护［J］. 西部广播电视, 2018, 428（12）: 230－231.

［28］杨芳．MT2000型2 kW短波发射机谐波滤波单元控制继电器故障分析［J］. 西部广播电视. 2016（22）: 227.

［29］柏龙．MT2000型2kW短波发射机谐波滤波单元控制继电器故障分析［J］. 西部广播电视, 2015（9）: 204.

［30］吴忠博．短波发射机功率放大器工作原理［J］. 电子技术与软件工程, 2015（18）: 129.

［31］韩博超．一种新型高效率短波功率放大器的设计［J］. 数码世界, 2018（11）: 22.

［32］杨建忠．广播电视天馈线的基本原理与维护管理［J］. 西部广播电视, 2017（2）: 250.

［33］曹志刚．通信原理与应用——系统案例部分 其他无线通信［M］. 北京: 高等教育出版社, 2015.

［34］王新梅, 肖国镇．纠错码——原理与方法（修订版）［M］. 西安: 西安电子科技大学出版社, 2001.

［35］PANCALDI F, VITETTA G M, KALBASI R, et al. Single- carrier frequency domain equalization［J］, IEEE Signal Process, 2008, 25（5）: 37-56.

［36］朱自强, 赖仪, 等．无线通信抗干扰技术体制综述（上）［J］. 现代军事通信, 1999, 7（1）: 35-40.

［37］朱自强, 赖仪, 等．无线通信抗干扰技术体制综述（下）［J］. 现代军事通信, 1999, 7（2）: 32-35.

［38］陆建勋．高频通信系统的抗干扰性能分析［J］. 现代军事通信, 1999, 7（3）: 1-4.

［39］梅文华, 等．跳频通信［M］. 北京: 国防工业出版社, 2005.

［40］曾兴雯, 等．扩展频谱通信及其多址技术［M］. 西安: 西安电子科技大学出版社, 2004.